职业教育畜牧兽医类系列教材

猪场设备使用与维护

ZHUCHANG SHEBEI
SHIYONG YU WEIHU

王景春　赵希彦　主编

化学工业出版社

·北京·

内 容 简 介

《猪场设备使用与维护》教材以畜牧兽医专业群岗位能力为主线,围绕设施养猪装备操作工的工作领域、工作任务,以项目为单位组织设计教材内容。以 NY/T 2145《设施农业装备操作工》标准、"1+X"家庭农场畜禽养殖职业技能等级证书标准为编写依据,设基础知识、猪场基础设施、饲喂设备、供水设备、环境控制设备、排污设备、无害化处理设备、消杀设备、采精输精设备九个模块。在编写形式上,知识储备与操作技能并行,配套《实践技能训练手册》,穿插有资料卡、思政小贴士,增加趣味性与可读性,同时配有数字资源,扫描书中二维码即可查看,方便学生学习。

本书适合作为职业院校畜牧兽医类专业的教材,也可作为有关人员的岗位培训教材。

图书在版编目(CIP)数据

猪场设备使用与维护 / 王景春,赵希彦主编.
北京:化学工业出版社,2025.3. —(职业教育畜牧兽医类系列教材).— ISBN 978-7-122-47152-9
Ⅰ.S828.4
中国国家版本馆 CIP 数据核字第 2025QK6450 号

责任编辑:张雨璐　迟　蕾　李植峰　　文字编辑:宋　旋
责任校对:杜杏然　　　　　　　　　　　装帧设计:王晓宇

出版发行:化学工业出版社
　　　　　(北京市东城区青年湖南街 13 号　邮政编码 100011)
印　　装:三河市双峰印刷装订有限公司
787mm×1092mm　1/16　印张 15½　字数 398 千字
2025 年 3 月北京第 1 版第 1 次印刷

购书咨询:010-64518888　　　售后服务:010-64518899
网　　址:http://www.cip.com.cn
凡购买本书,如有缺损质量问题,本社销售中心负责调换。

定　　价:48.00 元　　　　　　　　　版权所有　违者必究

《猪场设备使用与维护》编写人员

主　编　王景春　赵希彦
副主编　张日欣　范　强　李春华　孙淑琴
编　者　（按姓名笔画排序）
　　　　王海森　中粮家佳康（赤峰）有限公司
　　　　王景春　辽宁农业职业技术学院
　　　　王景莲　塔城职业技术学院
　　　　王德武　辽宁农业职业技术学院
　　　　闫玉博　中粮家佳康（赤峰）有限公司
　　　　孙淑琴　辽宁农业职业技术学院
　　　　李春华　辽宁农业职业技术学院
　　　　李海龙　辽宁职业学院
　　　　李桂伶　辽宁生态工程职业学院
　　　　张日欣　辽宁农业职业技术学院
　　　　陈殿杰　沈阳喜加喜猪业有限公司
　　　　范　强　辽宁农业职业技术学院
　　　　郑晓君　辽宁农业职业技术学院
　　　　赵　阳　辽宁农业职业技术学院
　　　　赵希彦　辽宁农业职业技术学院
　　　　俞美子　辽宁农业职业技术学院
　　　　符德科　牧原食品股份有限公司
　　　　薄　涛　辽宁职业学院
主　审　鄂禄祥　辽宁农业职业技术学院
　　　　吕丹娜　辽宁农业职业技术学院

前言

随着我国科学技术水平的不断提高和经济发展，先进的设施设备已在畜禽生产中得到广泛应用。设施设备现代化水平的提升，带动了养殖场生产水平、疫病防控水平和粪污治理能力的提高。同时，管理与合理使用、维护这些现代化的设备设施，对养殖场技术人员提出了更高的要求。党的二十大报告中明确提出，全面推进乡村振兴、加快实现高水平科技自立自强、深入推进环境污染防治。本书根据党的二十大精神、《国家职业教育改革实施方案》《中共中央办公厅国务院办公厅印发〈关于加强和改进新形势下大中小学教材建设的意见〉》等文件精神和要求进行编写。

本书共九个模块，包括基础知识、猪场基础设施、饲喂设备、供水设备、环境控制设备、排污设备、无害化处理设备、消杀设备、采精输精设备。其中包含案例（情境）引入、学习目标、知识储备、技能训练、练习题等板块。同时配有数字资源二维码、资料卡和思政小贴士。

本书遵循能力本位、以学生为中心、成果导向等职业教育基本规律，将专业教育、创新教育、课程思政以及"1＋X"证书标准融为一体，教材功能指向职业能力培养，充分体现职业教育类型特征，具备如下特点：

1. 基于工作过程系统化，突出职业能力培养。

将实际工作内容序化为完整的工作过程，按照识别设备，组装、使用、维护设备工作之间的内在联系编写，在完成职业活动过程中不断积淀职业能力。

2. 突出工匠精神培养。

教材充分强调专业精神、工匠精神和劳动精神培养，并将精神与素质的培养融入设备设施的使用与维护过程中，使学生在学习的过程中德技双修。

3. "新""实"结合。

教材内容紧跟行业发展步伐，对接国内外养猪先进理念，体现新工艺、新规范。在知识内容的选择上，着重于技能操作所必需的相关知识，力求精炼浓缩，突出实用性、针对性和典型性。

4. 形态新颖，数字赋能。

教材配套《实践技能训练手册》，同时配有动画、视频等数字资源，方便、实用。

5. 对接标准与证书，课岗证融通。

以 NY/T 2145《设施农业装备操作工》标准、"1＋X"家庭农场畜禽养殖职业技能等级证书标准和猪场生物安全为依据，将有关内容及要求有机融入教材中，实现课岗证融通。

6. 校企双元合作开发，充分融入职业要素。

在开发教材的过程中，专业教师作为编写的主体，承担教材的编写、配套教学资源制作的工作；企业技师配合整个教材的开发过程，提供了案例、《实践技能训练手册》相关内容等素材。

由于编者水平有限，书中难免有疏漏之处，恳请广大读者批评指正。

编者
2024 年 10 月

目录

模块一 基础知识 —————————————————— 001

项目一 机电常识认知　　　001
- ➢ 学习目标　　　001
- ➢ 知识储备　　　002
  - 一、农机常用油料的名称、牌号、性能和用途　002
  - 二、机械常识　　　003
  - 三、电工常识　　　006
- ➢ 技能训练　　　009

项目二 相关法律法规及安全知识认知　010
- ➢ 学习目标　　　010
- ➢ 知识储备　　　011
  - 一、农业机械安全监督管理条例　　011
  - 二、农业机械运行安全技术条件　　011
  - 三、农业机械产品修理、更换、退货责任规定　012
  - 四、农业机械安全使用常识　　014
- ➢ 技能训练　　　015
- 练一练　　　016

模块二 猪场基础设施 —————————————————— 017

项目一 基础设施的识别　　　017
- ➢ 学习目标　　　017
- ➢ 知识储备　　　018
  - 一、猪场的布局与规划　　018
  - 二、猪舍类型识别　　019
  - 三、猪舍结构识别　　021
  - 四、猪栏排列方式识别　　023
  - 五、圈栏识别　　024
- ➢ 技能训练　　　030

项目二 栏位的安装与维护　　030
- ➢ 学习目标　　　030
- ➢ 知识储备　　　031
  - 一、限位栏安装　　031
  - 二、分娩栏安装　　032
  - 三、保育栏安装　　034
  - 四、公猪舍大栏安装要求　　037
  - 五、育肥舍大栏安装要求　　037
  - 六、栏位验收标准　　037
  - 七、栏位日常维护　　037
- ➢ 技能训练　　　037
- 练一练　　　038

模块三 饲喂设备 —————————————————— 040

项目一 饲喂设备的识别　　　040
- ➢ 学习目标　　　040
- ➢ 知识储备　　　040
  - 猪供料系统　　040
- ➢ 技能训练　　　045

项目二 饲喂设备的安装与维护　　045
- ➢ 学习目标　　　046
- ➢ 知识储备　　　046
  - 一、猪场自动化料线工作原理　　046
  - 二、自动上料系统的安装　　046
  - 三、使用过程中的注意事项　　047
  - 四、维修与保养制度　　048
  - 五、故障排除　　048
- ➢ 技能训练　　　049
- 练一练　　　049

模块四　供水设备 　051

项目一　饮水器识别　051
> 学习目标　051
> 知识储备　051
一、自动饮水器类型　052
二、自动饮水器的工作过程　053
> 技能训练　053

项目二　供水设备的安装与维护　053
> 学习目标　054
> 知识储备　054
一、确定供水方式　054
二、取水设备安装　055
三、贮水塔安装　055
四、水管网安装　055
五、自动饮水器安装　056
六、自动饮水器的作业　056
七、饮水设备常见故障诊断与排除　057
八、饮水设备的技术维护　057
> 技能训练　060
练一练　060

模块五　环境控制设备　061

项目一　环控设备的识别　061
> 学习目标　061
> 知识储备　061
一、通风方式　062
二、通风设备识别　064
三、湿帘识别　065
四、加温供暖方式　068
五、加温设备识别　069
> 技能训练　073

项目二　环控设备的安装与操作　073
> 学习目标　074
> 知识储备　074
一、通风设备安装与使用　074
二、湿帘安装与使用　076
三、加温供暖设备的安装与使用　078
> 技能训练　081

项目三　环控设备的维护　083
> 学习目标　083
> 知识储备　084
一、通风设备的技术维护　084
二、湿帘降温设备的技术维护　086
三、加温供暖设备技术维护　088
> 技能训练　090
练一练　090

模块六　排污设备　091

项目一　清粪设备的识别　091
> 学习目标　091
> 知识储备　091
清粪设备的种类与特点　092
> 技能训练　098

项目二　清粪设备的安装与操作　099
> 学习目标　099
> 知识储备　099
一、铲式清粪机操作　099
二、往复式刮板清粪机的安装　102
> 技能训练　103

项目三　清粪设备的维护　104
> 学习目标　104
> 知识储备　104
一、装载机的维护保养　104
二、往复式刮板清粪机的技术维护　107
> 技能训练　107
练一练　108

模块七　无害化处理设备 —— 109

项目一　无害化处理设备的识别　109
➢ 学习目标　109
➢ 知识储备　109
一、粪污处理设备　110
二、污水处理设备　112
三、尸体及胎盘处理设备　115
➢ 技能训练　118

项目二　无害化处理设备的使用与维护　119
➢ 学习目标　119
➢ 知识储备　119
一、螺旋式深槽发酵干燥设备的使用与维护　119
二、螺旋挤压式固液分离设备的使用与维护　123
三、设备在使用过程中应注意的事项　125
四、维修制度　125
➢ 技能训练　126
练一练　126

模块八　消杀设备 —— 127

项目一　消毒设备的识别　127
➢ 学习目标　127
➢ 知识储备　128
一、猪场消毒设备　128
二、场区门口的消毒设施　133
➢ 技能训练　138

项目二　消毒设备的使用与维护　139
➢ 学习目标　139
➢ 知识储备　140
一、消毒设备操作前的准备　140
二、消毒设备使用　140
三、消毒设备维护　146
四、消毒设备常见故障诊断与排除　147
➢ 技能训练　155
练一练　155

模块九　采精、输精设备 —— 156

项目一　采精、输精设备的识别　156
➢ 学习目标　156
➢ 知识储备　156
一、采精台　156
二、输精器械　158
三、其他设备　159
➢ 技能训练　159

项目二　采精、输精设备的安装　159
➢ 学习目标　159
➢ 知识储备　160
假台畜的安装　160
➢ 技能训练　160

项目三　采精、输精设备的使用与维护　160
➢ 学习目标　160
➢ 知识储备　161
一、采精架准备　161
二、器械洗涤　161
三、器械消毒　161
四、一次性输精器的使用　162
五、深度输精管的使用　162
六、可视输精枪的使用　103
七、显微镜的使用　163
➢ 技能训练　171
练一练　172

练一练参考答案 —— 172

参考文献 —— 173

模块一 基础知识

在猪场设备的操作、使用、维修等过程中,需要熟知机电常识,并遵守相关法律法规,做到安全第一。

项目一 机电常识认知

【案例导入】 某养殖场触电事故的警示

1. 事故发生经过

2022年3月某日下午,李某在某养殖场给料塔工作时触碰到破损电线,发生触电事故,经救治无效死亡。

2. 事故性质认定

该事故为一起一般生产安全责任事故。

3. 事故发生原因

① 事故直接原因:李某在给料塔工作时触碰到破损电线。

② 事故间接原因:电工未及时发现和维修破损电线;给料塔旁的电线杂乱;给料塔金属外壳与电线直接接触;李某在清洗给料塔时未有专门人员在场监督工作;养殖场未对从业人员开展安全教育培训;养殖场未跟从业人员签订劳务合同;养殖场未给从业人员提供符合国家标准的劳保用品;养殖场未落实安全生产责任制。

 学习目标

1. 知识目标
- 能够识别农机常用油料的名称、牌号并能简单描述不同油料的性能;
- 能够正确使用常用法定计量单位并进行换算;
- 能够描述常用非金属材料的种类、性能;
- 能够了解常用电压、电路及相关知识。

2. 能力目标
- 根据不同农机设备特点,能够正确选用不同型号的油料;
- 能够正确识别和使用常用标准件;
- 能够掌握相关的安全操作规范。

3. 素质目标
- 树立安全用电意识,加强自我防范。

知识储备

一、农机常用油料的名称、牌号、性能和用途

机电是现代农业的基础，现代化的猪场也离不开机电。农业机械作为现代化集约化猪场必不可少的设备，其常用的原料就是油和电，油主要来源于石油。石油的化学组成比较复杂，但主要是各种碳氢化合物的混合物。其主要化学元素是碳和氢，其中碳约占85%～87%，氢约占11%～14%，其他为硫、氧、氮等化合物，约占0.5%～4%。碳氢化合物统称为烃。石油中的烃类有烷烃、环烷烃、芳香烃和不饱和烃等。车用汽油是含碳7～8的烃类；柴油是含碳9～16的烃类，都属于燃油。而含碳16以上的烃类，则为润滑用油。油料在提供动力、能力传递、润滑、散热、清洗、密封、防锈、防腐、防氧化等方面发挥着重要作用。

农机常用的油料牌号、规格、适用范围与注意事项，见表1-1-1。

表1-1-1 农机常用油料的牌号、规格、适用范围与注意事项

名称		牌号和规格	适用范围	使用注意事项
柴油	重柴油	—	转速1000r/min以下的中低速柴油机	1. 不同牌号的轻柴油可以掺兑使用
	轻柴油	10、0、-10、-20、-35和-50号（凝点牌号）	选用凝点应低于当地气温3～5℃	2. 柴油中不能掺入汽油
汽油		92、95和97号（辛烷值牌号）	压缩比高，选用牌号高的汽油，反之选用牌号低的汽油	1. 当汽油供应不足时，可用牌号相近的汽油暂时代用 2. 不要使用长期存放已变质的汽油，否则结胶、积炭严重
内燃机油	柴油机油	CC、CD、CD-Ⅱ、CE、CF-4等（品质牌号）	0W、5W、10W、15W、20W、25W（冬用黏度牌号），"W"表示冬用；20级、30级、40级和50级（夏用黏度牌号）；多级油如10W/20（冬夏通用）	品质选用应遵照产品使用说明书中的要求选用，可结合使用条件来选择。黏度等级的选择主要考虑环境温度	1. 在选择机油的使用级时，高级机油可以在要求较低的发动机上使用 2. 汽油机油和柴油机油应区别使用
	汽油机油	SC、SD、SE、SF、SG、SH等（品质牌号）			
齿轮油	普通车辆齿轮油（CLC）	70W、75W、80W、85W（黏度牌号）	按产品使用说明书的规定进行选用，也可以按工作条件选用品种、按气温选择牌号	不能将使用级（品种）较低的齿轮油用在要求较高的车辆上，否则将使齿轮很快磨损和损坏
	中负荷车辆齿轮油（CLD）	90W、140W、250W（黏度牌号）		
	重负荷车辆齿轮油（CLE）	多级油如80W/90、85W/90		
润滑脂（俗称黄油）	钙基、复合钙基	000、00、0、1、2、3、4、5、6（锥入度）	抗水，不耐热和低温，多用于农机具	1. 加入量要适宜 2. 禁止不同品牌的润滑油脂混用 3. 注意换脂周期以及使用过程管理
	钠基、复合钠基		耐温可达120℃，不耐水，适用于工作温度较高而不与水接触的润滑部位	
	锂基、复合锂基		锂基抗水性好，耐热和耐寒性都较好，它可以取代其他基质，用于设施农业等农机装备	

续表

名称	牌号和规格		适用范围	使用注意事项
液压油	普通液压油（HL）	HL32、HL46、HL68（黏度牌号）	中低压液压系统(压力为2.5～8MPa)	控制液压油的使用温度；对矿油型液压油，可在50～65℃下连续工作，最高使用温度在120～140℃
	抗磨液压油（HM）	HM32、HM46、HM100、HM150（黏度牌号）	压力较高(>10MPa)使用条件要求较严格的液系统，如工程机械	
	低温液压油（HV和HS）	—	适用于严寒地区	

二、机械常识

1. 常用法定计量单位及换算关系

(1) 法定长度计量单位

基本长度单位是米（m），机械工程图上标注的法定单位是毫米（mm）。

1m=1000mm；1英寸=25.4mm。

(2) 法定压力计量单位

法定压力计量单位是帕（斯卡），符号为Pa。常用兆帕表示，符号为MPa。

$1MPa=10^6 Pa$。

(3) 法定功率计量单位

法定功率计量单位是千瓦，符号为kW。

1马力=0.736kW。

(4) 力、重力的法定计量单位

力、重力的法定计量单位是牛顿，符号为N。

(5) 面积的法定计量单位

面积的法定计量单位是平方米、公顷，符号分别为m^2、hm^2。

$1hm^2=10000m^2=15$亩，1亩$\approx 666.7m^2$。

2. 金属与非金属材料

(1) 常用金属材料

常用金属材料分为钢铁金属材料和非铁金属材料（即有色金属材料）两大类。钢铁金属材料主要有碳素钢（含碳量小于2.11%的铁碳合金）、合金钢（在碳素钢的基础上加入一些合金元素）和铸铁（含碳量大于2.11%的铁碳合金）。非铁金属材料则包括除钢铁以外的所有金属及其合金，如铜及铜合金、铝及铝合金等。

(2) 常用非金属材料

农业机械中常用的非金属材料主要是有机非金属材料，如合成塑料、橡胶等。常用非金属材料的种类、性能及用途见表1-1-2。

表1-1-2 常用非金属材料的种类、性能及用途

名称	主要性能	用途
工程塑料	除具有塑料的通性之外，还有相当的强度和刚性，耐高温，低温性能较通用塑料好	仪表外壳、手柄、方向盘等
橡胶	弹性高、绝缘性和耐磨性好，但耐热性低，低温时发脆	轮胎、皮带、阀垫、软管等
玻璃	由氧化硅和另一些氧化物熔化制成的透明固体。优点是导热系数小、耐腐蚀性强；缺点是强度低、热稳定性差	驾驶室挡风玻璃等
石棉	抗热和绝缘性能优良，耐酸碱、不腐烂、不燃烧	密封、隔热、保温、绝缘及制动材料，如制动带等

① 塑料。塑料属高分子材料，是以合成树脂为主要成分并加入适量的填料、增塑剂和添加剂，在一定温度、压力下塑制成型的。塑料分类方法很多，一般分为热塑性塑料和热固性塑料两大类。热塑性塑料是指可反复多次在一定温度范围内软化并熔融流动，冷却后成型固化的塑料，如 PVC 等，共占塑料总量的 95% 以上。热固性塑料是指在加热成型固化后遇热不再熔融变化，也不溶于有机溶剂的塑料，如酚醛塑料、脲醛塑料、环氧树脂、不饱和聚酯等。

塑料主要特性是：大多数塑料质轻，化学性稳定，不会锈蚀；耐冲击性好；具有较好的透明性和耐磨耗性；绝缘性好，导热性差；一般成型性、着色性好，加工成本低；大部分塑料耐热性差，热膨胀率大，易燃烧；尺寸稳定性差，容易变形；多数塑料耐低温性差，低温下变脆；容易老化；某些塑料易溶于溶剂。

② 橡胶。橡胶是一种高分子材料，有良好的耐磨性、隔音性和阻尼特性，有高的弹性，有优良的伸缩性和可贵的积蓄能量的能力，是常用的密封材料、弹性材料、减振材料、抗震材料和传动材料，耐热老化性较差，易燃烧。

③ 玻璃。玻璃是由氧化硅和另一些氧化物熔化制成的透明固体。玻璃耐腐蚀性强，磨光玻璃经加热与淬火后可制成钢化玻璃。玻璃的主要缺点有强度低、热稳定性差。

3. 常用标准件的常识

标准件是指结构、尺寸、画法、标记等各个方面已经完全标准化，并由专业厂生产的常用零（部）件，如螺纹件、键、销、滚动轴承等。

（1）滚动轴承

① 滚动轴承的分类方法。滚动轴承的主要作用是支承轴或支承绕轴旋转的零件。其分类方法有以下 5 种：按承受负荷的方向分，有向心轴承（主要承受径向负荷）、推力轴承（仅承受轴向负荷）、向心推力轴承（同时能承受径向和轴向负荷）；按滚动体的形状分，有球轴承（滚动体为钢球）和滚子轴承（滚动体为滚子），滚子又有短圆柱、长圆柱、圆锥、滚针、球面滚子等多种；按滚动体的列数分，有单列、双列、多列轴承等种类；按轴承能否调整中心分，有自动调整轴承和非自动调整轴承两种；按轴承直径大小分，有微型（外径 26mm 或内径 9mm 以下）、小型（外径 28~55mm）、中型（外径 60~190mm）、大型（外径 200~430mm）和特大型（外径 440mm 以上）。

② 滚动轴承规格代号的含义按照国家标准 GB/T 272—2017《滚动轴承 代号方法》规定，轴承代号由基本代号、前置代号和后置代号构成。基本代号表示轴承的基本类型、结构和尺寸，是轴承代号的基础。基本代号由 3 组代号组成，分别为轴承类型代号、尺寸系列代号、内径代号。各类代号排列顺序见表 1-1-3。

表 1-1-3 轴承代号的构成

前置代号	轴承代号				后置代号
	基本代号				
	轴承系列			内径代号	
	类型代号	尺寸系列代号			
		宽度（或高度）系列代号	直径系列代号		

轴承类型代号由数字或字母表示；尺寸系列代号由轴承宽（高）度系列代号和直径系列代号组成，用两位阿拉伯数字表示。上述两项代号内容和具体含义可查阅新标准。内径代号表示轴承的公称内径，用两位阿拉伯数字表示。

前置代号：表示成套轴承部件的代号，用字母表示。代号的含义可查阅新标准，例如代号 GS 为推力圆柱滚子轴承座圈。

后置代号：用字母和数字表示，它是轴承在结构形状、尺寸、公差、技术要求有改变时，在其基本代号后面添加的代号。如添加后置代号 NR 时，表示该轴承外圈有止动槽，并带止动环。

③ 滚动轴承的用途。

球轴承：一般用于转速较高、载荷较小、要求旋转精度较高的地方。

滚子轴承：一般用于转速较低、载荷较大或有冲击、振动的工作部位。

（2）橡胶油封

橡胶油封在设施农业机械上用得很多，按其结构不同分为骨架式和无骨架式两种，两者区别在于骨架式油封在密封圈内埋有一薄铁环制成的骨架。骨架式油封可分为普通型（只有1个密封唇口）、双口型（有2个密封唇口）和无弹簧型3种，还按适用速度范围分为低速油封和高速油封两种。油封的规格由首段、中段和末段3段组成。首段为油封类型，用汉语拼音字母表示，P 表示普通，S 表示双口，W 表示无弹簧，D 表示低速，G 表示高速。中段以油封的内径 d、外径 D、高度 H 这 3 个尺寸来表示油封规格，中间用"×"分开，表示方法为 $d \times D \times H$，单位为 mm。末段为胶种代号。例如 PD20×40×10，表示内径 20mm、外径 40mm、高 10mm 的低速普通型油封。

（3）键

键的主要作用是连接、定位和传递动力。其种类有平键、半圆键、楔键、花键。前 3 种一般有标准件供应，花键也有对应的国家标准。

① 平键。平键按工作状况分普通和导向平键 2 种，其形状有圆头、方头和单圆头 3 种，其中以两头为圆的 A 型使用最广。平键的特点是靠侧面传递扭矩，制造简单、工作可靠，拆装方便，广泛应用于高精度、高速或承受变载、冲击的场合。

② 半圆键。半圆键特点是靠侧面传递扭矩，键在轴槽中能绕槽底圆弧中心略有摆动，装配方便，但键槽较深，对轴强度削弱较大，一般用于轻载，适用于轴的锥形端部。

③ 楔键。楔键特点是靠上、下面传递扭矩，安装时需打入，能轴向固定零件和传递单向轴向力，但对中稍差，一般用于对中性能要求不严且承受单向轴向力的连接，或用于结构简单、紧凑、有冲击载荷的连接处。

④ 花键。花键有矩形花键和渐开线花键两种。通常是加工成花键轴，应用于一般机械的传动装置上。

（4）螺纹连接件

① 螺纹导程与螺纹的直径。导程 S 是指螺纹上任意一点沿同一条螺旋线转一周所移动的轴向距离。单线螺纹的导程等于螺距（$S=P$）（螺距 P：螺纹相邻两个牙型上对应点间的轴向距离），多线螺纹的导程等于线数乘以螺距（$S=nP$）（线数 n 为螺纹的螺旋线数目）。

螺纹的直径，在标准中定义为公称直径，是指螺纹的最大直径（大径 d），即与螺纹牙顶相重合的假想圆柱面的直径。

② 螺纹连接件的基本类型及适用场合。螺纹连接件的主要作用是连接、防松、定位和传递动力。常用的 4 种基本类型如下。

螺栓：这种连接件使用时需用螺母、垫片来配合，结构简单，拆装方便，因此被广泛应用。

双头螺柱：一般用于被连接件之一的厚度很大，不便钻成通孔，且有一端需经常拆装的场合，如缸盖螺柱。

螺钉：这种连接件不必使用螺母，用途与双头螺柱相似，但不宜经常拆装，以免加速螺纹孔损坏。

紧固螺钉：用以传递力或力矩的连接。

③ 螺纹连接件的防松方法。加弹簧垫圈，使用简单，采用最广；加齿形紧固垫圈，用于需要特别牢固的连接的场合；使用开口销及六角槽形螺母；加止动垫圈及锁片；使用防松钢丝，适用于彼此位置靠近的成组螺纹连接；使用双螺母。

三、电工常识

1. 电路

（1）电路及其组成

电流流过的路径称为电路。一般电路都是由电源、负载、导线和开关四个部分组成的。

① 电源。电源是把其他形式的能量转化为电能的装置。常见的直流电源有干电池、蓄电池和直流发电机等。

② 负载。负载是把电能转变成其他形式能量的装置，如电灯、电铃、电动机、电炉等。

③ 导线。导线是连接电源与负载的金属线，它把电源产生的电能输送到负载，常用铜、铝等材料制成。

④ 开关。开关起到接通或断开电源的作用。

（2）电路的状态

① 通路（闭路）。电路处处连通，电路中有电流通过。这是正常工作状态。

② 开路（断路）。电路某处断开，电路中没有电流通过。非人为断开的开路属于故障状态。

③ 短路（捷路）。电源两端被导线直接相连或电路中的负载被短接，此时电路中的电流比正常工作电流大很多倍。这是一种事故状态。有时，在调试电子设备的过程中，人为将电路某一部分短路，称为短接，要与断路区分开来。

2. 电路的基本物理量

（1）电流

导体中电荷的定向流动形成电流。电流不但有方向，而且有强弱，通常用电流强度表示电流的强弱。单位时间内通过导体横截面的电量叫作电流强度，用符号 I 表示，单位是安培，用 A 表示。电流的大小可以用电流表直接测量，电流表应串联在被测电路中。

（2）电压

在电路中，任意两点间的电位差称为这两点间的电压。电压是导体中存在电流的必要条件。电压的表示符号为 U，单位是伏特，用 V 表示。电压的大小可以用电压表测量，电压表应并联在被测电路中。

（3）电阻

电子在导体中流动时所受的阻力称为电阻。电阻用符号 R 表示，单位为欧姆，用 Ω 表示。电阻反映了导体的导电能力，是导体的客观属性。实验证明，在一定温度下，导体的电阻与导体的长度 L 成正比，与导体的横截面积 S 成反比。根据物质电阻的大小，把物体分为导体（容易导电的物体，如金、铜、铝等）、半导体（导电能力介于导体与绝缘体之间的物体，如硅、锗等）和绝缘体（不容易导电的物体，如空气、胶体、云母等）3 种。

（4）欧姆定律

欧姆定律是表示电路中电流、电压、电阻三者关系的定律。在同一电路中，导体中的电流与导体两端的电压成正比，与导体的电阻成反比，这就是欧姆定律，用公式表示为：

$$I = \frac{U}{R}$$

式中　　U——电路两端电压，V；
　　　　R——电路的电阻，Ω；
　　　　I——通过电路的电流，A。

3. 直流电路

大小和方向都不随时间变化的电流，又称恒定电流。所通过的电路称直流电路，是由直流电源和电阻构成的闭合导电回路，如图 1-1-1 所示。按连接的方法不同，电路分为串联电路（图 1-1-2）和并联电路（图 1-1-3）两种。

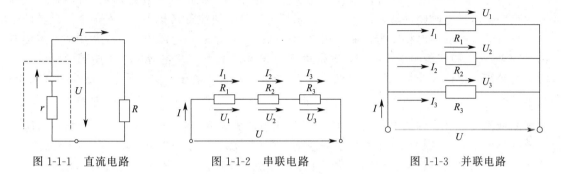

图 1-1-1　直流电路　　　　　图 1-1-2　串联电路　　　　　图 1-1-3　并联电路

（1）串联电路

串联电路中各处的电流都相等，用公式表示为：

$$I=I_1=\frac{U_1}{R_1}=I_2=\frac{U_2}{R_2}=I_3=\frac{U_3}{R_3}=\cdots=I_n=\frac{U_n}{R_n}$$

串联电路外加电压等于串联电路中各电阻压降之和：

$$U=U_1+U_2+U_3+\cdots+U_n$$

串联电路的总电阻等于各个串联电阻的总和：

$$R=R_1+R_2+R_3+\cdots+R_n$$

（2）并联电路

并联电路加在并联电阻两端的电压相等，用公式表示为：

$$U=U_1=U_2=U_3=\cdots=U_n$$

电路内的总电流等于各个并联电阻电流之和：

$$I=I_1+I_2+I_3+\cdots+I_n$$

并联电路总电阻的倒数等于各并联电阻倒数之和：

$$\frac{1}{R}=\frac{1}{R_1}+\frac{2}{R_2}+\frac{3}{R_3}+\cdots+\frac{n}{R_n}$$

4. 电、磁与电磁感应

电与磁都是物质运动的基本形式，两者之间密不可分，统称为电磁现象。通电导线的周围存在着磁场，这种现象称为电流的磁效应，这个磁场称为电磁场。

当导体作切割磁力线运动或通过线圈的磁通量发生变化时，导体或线圈中会产生电动势；若导体或线圈是闭合的，就会有电流。这种由导线切割磁力线或在闭合线圈中磁通量发生变化而产生电动势的现象，称为电磁感应现象。由电磁感应产生的电动势叫作感应电动势，由感应电动势产生的电流叫作感应电流。

5. 交流电

交流电是指电压、电动势、电流的大小和方向随时间按正弦规律作周期性变化的电路。

农村常用的交流电有单相交流电（220V）和三相交流电（380V）两种。

（1）单相交流电

是指一根火线和零线连接构成的电路，大多数家用电器和设施农业用的单相电机都是用的单相交流电（220V）。

（2）三相交流电

由三相交流电源供电的电路，简称三相电路。三相交流电源指能够提供3个频率相同而相位不同的电压或电流的电源，常用于三相交流发电机。三相发电机的各相电压的相位互差120°。它们之间各相电压超前或滞后的次序称为相序。三相电动机在正序电压供电时正转，改为负序电压供电时则反转。因此，使用三相电源时必须注意其相序。一些需要正反转的生产设备可通过改变供电相序来控制三相电动机的正反转。三相电源连接方式常用的有星形联结（图1-1-4）和三角形联结两种，分别用符号Y和△表示。从电源的3个始端引出的3条线称为端线（俗称火线）。任意两根端线之间的电压称为线电压$U_线$，任意一根端线（火线）与中性线之间的电压为相电压$U_相$。星形联结时，线电压为相电压的$\sqrt{3}$倍，即$U_线=\sqrt{3}U_相$。我国的低压供电系统的线电压是380V，它的相电压就是$380V/\sqrt{3}=220V$；3个线电压间的相位差仍为120°，它们比3个相电压各超前30°。星形联结有一个公共点，称为中性点。三角形联结时线电压与相电压相等，且3个电源形成一个回路，只有三相电源对称且连接正确时，电源内部才没有环流。

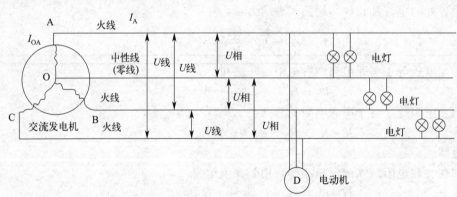

图1-1-4　三相交流电星形联结

用电安全管理
制度范例

养殖场发电机组
安全管理制度范例

【资料卡】安全用电知识

不懂得安全用电知识就容易造成触电、电气火灾、电器损坏等意外事故，安全用电，至关重要。

1. 发生用电事故的原因

从构成闭合电路这个方面来说，分别有双线触电和单线触电。人体是导体，当人体成为闭合电路的一部分时，就会有电流通过。如果电流达到一定大小，就会发生触电事故。假如，有个人的一只手接触电源正极，另一只手接触电源负极。这样，人体、导线与供电设备就构成了闭合电路，电流流过人体，发生触电事故，这类就叫双线触电。另一类就是，若这个人的一只手只接触正极，而另一只手虽然没有接触负极，但是由于人站在地上，导线、人体、大地和供电设备同样构成了闭合电路，电流同样会流过人体，发生触电事故，这类就叫单线触电。电流对人体的伤害有三种：电击、电伤和电磁场伤害。电击是指电流通过人体，破坏人体心脏、肺及神经系统的正常功能。电伤是指电流的热效应、化学效应和机械效应对人体的伤害，主要是指电弧烧伤、熔化金属溅出烫伤等。电磁场生理伤害是指在高频磁场的作用下，人会出现头晕、乏力、记忆力减退、失眠、多梦等神经系统的症状。一般认为，电流通过人体的心脏、肺部和中枢神经系统的危险性比较大，特别是电流通过心脏时，危险性最大。所以从手到脚的电流途径最为危险。

从欧姆定律和安全用电这方面来说，欧姆定律告诉我们，在电压一定时，导体中的电流的大小跟加在这个导体两端的电压成正比。人体也是导体，电压越高，通过的电流就越大，达到一定程度时就会有危险了。经验证明，通过人体的平均安全电流大约为10mA，平均电阻为360kΩ，当然这也不是一个固定的值，人体的电阻还和人体皮肤的干燥程度、人的胖瘦等因素有关，故通常情况下人体的安全电压一般是不高于36V。我国规定，在比较干燥的环境安全电压是36V，在比较潮湿的环境安全电压是12V。在平时，我们除了不要接触高压电外，还应注意千万不要用湿手触摸电器和插拔电源，不要让水洒到电机等电器上。因为当人体皮肤或电器潮湿时，电阻就会变小，根据欧姆定律，在电压一定时，通过人体的电流就会大些。而且手上的水容易流入电器内，使人体与电源相连，这样会造成危险。

2. 避免用电事故

① 认识了解电源总开关，学会在紧急情况下断开总电源。

② 不用手或导电物（如铁丝、钉子、别针等金属制品）去接触、探试电源。

③ 不用湿手触摸电器，不用湿布擦拭蓄电池等带电体。

④ 不要在电器上挂置物品。不随意拆卸、安装电源等带电体，不私拉电线，不随意增加额外电气设备。私自改装使用大功率用电器很容易使输电线发热，甚至有着火的危险。

⑤ 不要用拉扯电源线的方法来拔电源插头。使用中发现电器有冒烟、冒火花、发出焦煳的异味等情况，应立即关掉电源开关，停止使用。

⑥ 选用合格的电器配件，不要贪便宜购买使用假冒伪劣电器、电线、线槽（管）、开关等。

3. 发生触电事故的处理

如果发现有人触电要设法及时关断电源，或者用干燥的木棍等物将触电者与带电的设备分开，不要用手去直接救人。触电者脱离电源后迅速移至通风干燥处仰卧，将其上衣和裤带放松，观察触电者有无呼吸，摸一摸颈动脉有无搏动。若触电者呼吸及心跳均停止，应及时做人工呼吸，同时实施心肺复苏抢救，并及时打电话叫救护车，尽快送往医院。如果发现电气设备着火时应立即切断电源，用灭火器把火扑灭，无法切断电源时，应用不导电的灭火剂灭火，不能用水及泡沫灭火剂。火势过大，无法控制时要撤离机械，并迅速拨打"110"或"119"报警电话求救。疏散附近群众，防止损失进一步扩大。

 技能训练

正确识别常用标准件，并完成《实践技能训练手册》中技能训练单1。

项目二　相关法律法规及安全知识认知

【案例导入】

1. 案情简介

养殖户胡某向农机质量投诉机构投诉，说他从某销售公司以 44500 元购得某型拖拉机一台，合格证、三包凭证及随机附件齐全。购机后发现，整机底盘编号模糊不清楚，不能办理牌证，还存在变速箱有砂眼漏油，发动机烧机油等现象。但经销商不认为产品不合格，拒绝退货。用户要求退货，并赔偿损失 9000 元。

2. 处理过程及结果

接到投诉后，该农机投诉部门积极与销售商、生产企业联系并发出受理通知，调查机具情况和用户诉求，向生产企业求证，用户反映问题企业是否知情、是否属实。销售商承认基本属实，因此，投诉监督员建议销售商作退货处理，并酌情补偿。调解过程中，投诉监督员感到，销售商重视诚信经营和客户感受、生产商重视持续改进，鉴于用户不能提供缺陷产品以外其他财产损失的证据，经多次协商，本着互谅互让的精神，达成如下协议：44500 元全价退机，补偿用户修理费 400 元；自退机退款后，用户不得再提出其他任何要求。

3. 案例评析

《中华人民共和国产品质量法》第四十条规定："售出的产品有下列情形之一的，销售者应当负责修理、更换、退货；给购买产品的消费者造成损失的，销售者应当赔偿损失：（一）不具备产品应当具备的使用性能而事先未作说明的……"。

拖拉机底盘编号模糊不清楚，变速箱存在砂眼漏油，这明显是不具备产品应当具备的使用性能，属于缺陷产品，农机质量投诉监督机构可以立案开展调解，要求销售者修理、更换或退货和赔偿损失。

本案中，产品不合格的事实清楚，且发现在三包有效期内，农机用户及时投诉，因此，销售商理应依法履行修理、更换或退货义务。当然，可以维修或换货，但这样不能上牌照影响机器使用，所以妥当的方法是退货。销售商能正视问题，从自身找改进机会，非常配合，接受了主要的调解建议，值得肯定。此外，由于用户未保留充分证据，所以赔偿拖拉机以外财产损失的主张没有获得支持，用户当引以为戒。

学习目标

1. 知识目标
- 能够熟知与猪场设备使用相关的法律法规。

2. 能力目标
- 能够根据《农业机械产品修理、更换、退货责任规定》，正确退换设备；
- 能够根据设备说明书，安全使用和维护设备。

3. 素质目标
- 树立法治意识和安全意识；
- 能够利用相关法律进行维权。

 知识储备

随着设施农业的快速发展和装备的大量使用，与设施农业装备相关的法律法规也日益完善，学习和掌握有关法规，一方面促使自己遵纪守法，另一方面可以懂得如何维护自己的合法权益。

一、农业机械安全监督管理条例

《农业机械安全监督管理条例》（以下简称《条例》）是为了加强农业机械安全监督管理，预防和减少农业机械事故，保障人民生命和财产安全而制定的法规。《条例》于2009年9月17日发布，自2009年11月1日起施行，2016年进行了修订。全文共七章六十条。《条例》规定，农业机械是指用于农业生产及其产品初加工等相关农事活动的机械、设备。危及人身财产安全的农业机械，是指对人身财产安全可能造成损害的农业机械，包括拖拉机、机动脱粒机、饲料粉碎机等。本文着重介绍农机使用操作和事故处理的相关规定。

《农业机械安全监督管理条例》

1. 使用操作

农业机械操作人员可以参加农业机械操作人员的技能培训，并向有关农业机械化主管部门、人力资源和社会保障部门申请职业技能鉴定，获取相应等级的国家职业资格证书。农业机械操作人员作业前，应当对农业机械进行安全查验；作业时，应当遵守国务院农业机械化主管部门和省、自治区、直辖市人民政府农业机械化主管部门制定的安全操作规程。

2. 事故处理

农业机械事故是指农业机械在作业或者转移等过程中造成人身伤亡、财产损失的事件。

农业机械在道路上发生的交通事故，由公安机关交通管理部门依照道路交通安全法律、法规处理。在道路以外发生的农业机械事故，操作人员和现场其他人员应当立即停止作业或者停止农业机械的转移，保护现场。造成人员伤害的，应当向事故发生地农业机械化主管部门报告；造成人员死亡的，还应当向事故发生地公安机关报告。造成人身伤害的，应当立即采取措施，抢救受伤人员。因抢救受伤人员变动现场的，应当标明位置。

二、农业机械运行安全技术条件

由国家质量监督检验检疫总局、国家标准化管理委员会于2008年7月发布的 GB 16151—2008《农业机械运行安全技术条件》国家标准于2009年7月1日正式实施。

以拖拉机为例，部分规定如下。

1. 整机

（1）标志

拖拉机机身前部外表面的易见部位上应至少装置一个能持续保持的商标或厂标。

拖拉机应装置能持续保持的产品中文标牌。产品标牌应固定在一个明显的、不受更换部件影响的位置，其具体位置应在产品技术文件要求中指明。标牌应标明品牌、型号、发动机标定功率、出厂编号、出厂年月及生产厂名。

发动机型号应打印（或铸出）在气缸体易见部位，出厂编号应打印在气缸体易见且易于拓印部位。打印字高应不小于7mm，深度应不小于0.2mm，两端应打印起止标记。

（2）安全防护及安全标志

驾驶员工作和维护保养时，易发生危险的部位应加设防护装置并在明显处设置安全标志，其防护要求及安全标志应符合GB 18447.1和GB 18447.2的规定。

（3）外观

外观应整洁，各零部件、仪表、铅封及附件齐备完好，连接紧固，各部件不应有妨碍操作、影响安全的改装。

（4）密封性

各部位无明显漏水、漏油和漏气等现象。

2. 发动机

柴油发动机在全程调速范围内能稳定运转，熄火装置有效。

发动机功率应不小于标牌标定功率的85%。测量方法应符合GB/T 3871.3和GB/T 6229中的相关规定。

正常工作时的水温、机油温度、机油压力及燃油压力等应符合产品技术文件要求，蒸发式水箱浮标及机油压力指示器应齐全有效。

3. 传动系

离合器、变速器、分动器、驱动桥、最终传动装置、动力输出装置及起动机传动机构的外壳无裂纹，运转时无异响、无异常温升现象。

离合器分离应彻底、结合平顺，其自由行程应符合产品技术文件要求。离合器操纵力：踏板应不大于350N（双作用离合器应不大于400N），手柄应不大于100N。

变速箱不应有乱挡和自动脱挡现象。

装有差速锁的拖拉机差速锁应可靠，操作手柄或踏板回位应迅速，无卡滞现象。

4. 照明、信号装置

灯具应安装牢靠，完好有效，不应因机体振动而松脱、损坏、失去作用或改变光照方向；所有灯光的开关应安装牢靠、开关自如，不应因机体振动而自行开关。开关的位置应便于驾驶员操纵。

照明和信号装置的光色应符合GB 4785的有关规定，其数量、位置、最小几何可见角度等参照GB 4785执行。

5. 噪声控制

拖拉机噪声应符合GB 6376的要求。环境噪声测量方法应符合GB/T 3871.8和GB/T 6229相关规定。

三、农业机械产品修理、更换、退货责任规定

为维护农业机械产品用户的合法权益，提高农业机械产品质量和售后服务质量，明确农业机械产品生产者、销售者、修理者的修理、更换、退货（以下简称为三包）责任，依照《中华人民共和国产品质量法》《中华人民共和国农业机械化促进法》等有关法律法规，国家市场监督管理总局、农业农村部等审议通过了2010版《农业机械产品修理、更换、退货责任规定》（以下简称新《规定》），其相关内容介绍如下。

《农业机械产品修理、更换、退货责任规定》

1. 农机产品"三包"责任

农业机械产品实行谁销售谁负责的三包原则。销售者承担三包责任，换货或退货后，属

于生产者责任的,可以依法向生产者追偿。有效期内,因修理者的过错造成他人损失的,修理者依照有关法律和代理修理合同承担责任。

《规定》对农机销售者规定了 5 条义务,对农机修理者规定了 7 条义务,对农机生产者规定了 5 条义务。

2. "三包"有效期

农机产品的"三包"有效期自销售者开具购机发票之日起计算,"三包"有效期包括整机"三包"有效期、主要部件质量保证期、易损件和其他零部件的质量保证期。

3 个月,是二冲程汽油机整机"三包"有效期。

6 个月,是四冲程汽油机整机"三包"有效期、二冲程汽油机主要部件质量保证期。

9 个月,是单缸柴油机整机、18kW 以下小型拖拉机整机"三包"有效期。

1 年,是多缸柴油机整机、18kW 以上大、中型拖拉机整机、联合收割机整机、插秧机整机和其他农机产品整机的"三包"有效期,是四冲程汽油机主要部件的质量保证期。

1.5 年,是单缸柴油机主要部件、小型拖拉机主要部件的质量保证期。

2 年,是多缸柴油机主要部件,大、中型拖拉机主要部件,联合收割机主要部件和插秧机主要部件的质量保证期。

5 年,生产者应当保证农机产品停产后 5 年内继续提供零部件。

农机用户丢失"三包"凭证,但能证明其所购农机产品在"三包"有效期内的,可以向销售者申请补办"三包"凭证,并依照本规定继续享受有关权利。销售者应当在接到农机用户申请后 10 个工作日内予以补办。销售者、生产者、修理者不得拒绝承担"三包"责任。

3. "三包"的方式

"三包"的主要方式是修理、更换、退货,但是农机购买者并不能随意要求某种方式,而是需要根据产品的故障情况和经济合理的原则确定,具体规定如下。

(1) 修理

在"三包"有效期内产品出现故障的,由"三包"凭证指定的修理者免费修理。免费的范围包括材料费和工时费,对于难以移动的大件产品或就近未设指定修理单位的,销售者还应承担产品因修理而发生的运输费用。但是,根据产品说明书进行的保护性调整、修理,不属于"三包"的范围。

(2) 更换

"三包"有效期内,送修的农机产品自送修之日起超过 30 个工作日未修好的,农机用户可以选择继续修理或换货。要求换货的,销售者应当凭"三包"凭证、维护和修理记录、购机发票免费更换同型号同规格的产品。"三包"有效期内,农机产品因出现同一严重质量问题,累计修理 2 次后仍出现同一质量问题无法正常使用的;或农机产品购机的第一个作业季开始 30 日内,除因易损件外,农机产品因同一质量问题累计修理 2 次后,又出现同一质量问题的,农机用户可以凭"三包"凭证、维护和修理记录、购机发票,选择更换相关的主要部件或系统,由销售者负责免费更换。

"三包"有效期内,符合本规定更换主要部件的条件或换货条件的,销售者应当提供新的、合格的主要部件或整机产品,并更新"三包"凭证,更换后的主要部件的质量保证期或更换后的整机产品的"三包"有效期自更换之日起重新计算。

(3) 退货

"三包"有效期内或农机产品购机的第一个作业季开始 30 日内,农机产品因本规定第二十九条的规定更换主要部件或系统后,又出现相同质量问题,农机用户可以选择换货,由销售者负责免费更换;换货后仍然出现相同质量问题的,农机用户可以选择退货,由销售者负责免费退货。因生产者、销售者未明确告知农机产品的适用范围而导致农机产品不能正常作业的,农机用户在农机产品购机的第一个作业季开始30日内可以凭"三包"凭证和购机发票选择退货,由销售者负责按照购机发票金额全价退款。

(4) 对"三包"服务及时性的时间要求

《规定》要求,一般情况下,"三包"有效期内,农机产品存在本规定范围的质量问题的,修理者一般应当自送修之日起30个工作日内完成修理工作,并保证正常使用。属于易损件或是其他零件的质量问题的,应当在接到报修后1日内予以排除。在服务网点范围外的,农忙季节出现的故障修理由销售者与农机用户协商。

4. "三包"责任的免除

企业承担"三包"责任是有一定条件的,违背这些条件,就将失去享受"三包"服务的资格。因此,在购买、使用、保养农机时要避免发生下列情况:

① 农机用户无法证明该农机产品在"三包"有效期内的;

② 产品超出"三包"有效期的;

③ 因未按照使用说明书要求正确使用、维护,造成损坏的;

④ 使用说明书中明示不得改装、拆卸,而自行改装、拆卸改变机器性能或者造成损坏的;

⑤ 发生故障后,农机用户自行处置不当造成对故障原因无法做出技术鉴定的。

5. 争议的处理

农机用户因"三包"责任问题与销售者、生产者、修理者发生纠纷的,可以按照公平、诚实、信用的原则进行协商解决。协商不能解决的,农机用户可以向当地有关主管部门设立的投诉机构进行投诉,或者依法向消费者权益保护组织等反映情况,当事人要求调解的,可以调解解决。因"三包"责任问题协商或调解不成的,农机用户可以依照有关法律规定申请仲裁,也可以直接向人民法院起诉。

四、农业机械安全使用常识

在畜牧业生产中,由不按照安全操作规程进行作业而造成的农机事故约占事故总数的60%以上。这些事故的发生,给生产、经济带来不应有的损失,甚至造成伤亡事故。因此,必须严格遵守有关安全操作规程,确保安全生产。

1. 使用常识

① 使用机械设备之前,必须认真阅读使用说明书,牢记正确的操作和作业方法。

② 充分理解警告标签,并经常保持标签整洁,如有破损、遗失,必须重新订购粘贴。

③ 部分机械使用人员,必须经专门培训,取得驾驶操作证后,方可使用相关机械。

④ 严禁身体不适、疲劳、睡眠不足、酒后、孕妇、色盲、精神不正常及未满18岁的人员操作机械。

⑤ 驾驶员、农机操作者应穿着符合劳动保护要求的服装,女性驾驶员、操作者应将长发盘入工作帽内。禁止穿凉鞋、拖鞋,禁止穿宽松或袖口不能扣上的衣服,以免被旋转部件缠绕,造成伤害。

⑥ 在作业、检查和维修时不要让儿童靠近机器,以免造成危险。

⑦ 启动机器前检查所有的保护装置是否正常。

⑧ 熟悉所有的操作元件或控制按钮,分别试用每个操控装置,看其是否灵敏可靠。

⑨ 不得擅自改装农业机械,以免造成机器性能降低、机器损坏或人身伤害。

⑩ 不得随意调整液压系统安全阀的开启压力。

⑪ 农业机械不得超载、超负荷使用，以免机件过载，造成损坏。

2. 防止人身伤害常识

① 注意排气危害。发动机排出的气体有毒，在室内运转时，应进行换气，打开门窗，使室外空气能充分进入。

② 防止高压喷油侵入皮肤造成危险。禁止用手或身体接触高压喷油，可使用厚纸板，检查燃油喷射管和液压油是否泄漏。一旦高压油侵入皮肤，立即找医生处理；否则可能会导致皮肤坏死。

③ 运转后的发动机和散热器中的冷却水或蒸汽接触到皮肤会造成烫伤，应在发动机停止工作至少30min后，才能接近。

④ 运转中的发动机机油、液压油、油管和其他零件会产生高温，残压可能使高压油喷出，使高温的塞子、螺栓飞起造成烫伤。所以，必须确认温度充分下降，没有残压后才能进行检查。

⑤ 发动机、消声器和排气管会因机器的运转产生高温，机器运转中或刚停机后不能马上接触。

⑥ 注意蓄电池的使用，防止造成伤害。

"1+X"家庭农场
畜禽养殖职业
技能等级标准
（节选）

技能训练

观察设备，根据法律法规规定，安全观察并试操作设备，同时参考相关资料并请教企业导师，完成《实践技能训练手册》中技能训练单2。

【思政小贴士】

设施农业装备操作工职业守则

设施农业装备操作工在职业活动中，不仅要遵循社会道德的一般要求，而且要遵守设施农业装备操作工职业守则。

一、遵章守法，爱岗敬业

遵章守法是设施农业装备操作工职业守则的首要内容，这是由设施农业装备操作工的职业特点决定的。遵章守法就是要自觉学习、遵守国家的有关法规、政策和农机安全生产的规定，爱岗敬业是指设施农业装备操作工要热爱自己的工作岗位，服从安排，兢兢业业，尽职尽责，乐于奉献。

二、规范操作，安全生产

规范操作是指一丝不苟地执行安全技术、纽织措施、确保作业人员生命和设备安全，确保作业任务的圆满完成。要有高度负责的精神，严格按照技术要求和操作规范，认真对待每一项作业、每一道工序，尽职尽责，确保作业质量，优质、高效、低耗、安全地完成生产任务。安全生产是指机具在道路转移、场地作业及维修保养过程中要保证自身、他人及机具的安全。

三、钻研技术，节能降耗

设施农业装备操作工要提高作业效率，确保作业质量，必须掌握过硬的操作技能，这是职业的需要。钻研技术，必须"勤业"，干一行，钻一行，善于从理论到实践，不断探索新情况、新问题，技术上要精益求精。节能降耗是钻研技术的具体体现。在操作过程中采取技术上可行、经济上合理以及环境和社会可以承受的措施，从各个环节，降低消耗、减少损失和污染物排放、制止浪费，有效、合理地利用能源。

四、诚实守信，优质服务

诚实守信是做人的根本，也是树立作业信誉，建立稳定服务关系和长期合作的基础。设施农业装备操作工在作业服务过程中，要以诚待人，讲求信誉，同时要有较强的竞争意识和价值观念，主动适应市场，靠优质服务占有市场。在作业服务中，要使用规范语言，做到礼貌待客，服务至上，质量第一。

练一练

（一）选择题（单选或多选）

1. 法定压力计量单位是帕（斯卡），符号为 Pa。请问 1MPa=（　　）Pa。
   A. 10　　　　B. 10^3　　　　C. 10^6　　　　D. 10^9

2. 面积的法定计量单位是平方米、公顷，符号分别为 m^2、hm^2，请问 $1hm^2$=（　　）亩。
   A. 5　　　　B. 10　　　　C. 15　　　　D. 20

3. 按照国家标准 GB/T 272—2017《滚动轴承 代号方法》规定，轴承代号由（　　）等部分构成。
   A. 基本代号　　B. 前置代号　　C. 后置代号　　D. 特殊代号

4. 电流流过的路径称为电路。一般电路由（　　）等几个部分组成。
   A. 电源　　　　B. 负载　　　　C. 导线　　　　D. 开关

5. 常用的三相交流电的电压是（　　）V。
   A. 120　　　　B. 220　　　　C. 360　　　　D. 380

6. 通常情况下，人体的安全电压一般不高于（　　）6V。
   A. 12　　　　B. 24　　　　C. 36　　　　D. 38

（二）判断题

1. 拖拉机机身前部外表面的易见部位上应至少装置一个能持续保持的商标或厂标。（　　）

2. 驾驶员工作和维护保养时，易发生危险的部位应加设防护装置并在明显处设置安全标志。（　　）

3. 农机产品的"三包"有效期自销售者购买之日起计算，"三包"有效期包括整机"三包"有效期、主要部件质量保证期、易损件和其他零部件的质量保证期。（　　）

（三）简答题

1. 小明购买了一台农业机械，在使用过程中出现了质量问题，小明具有很强的法律意识，他先仔细翻看了说明书和产品保证书，发现在使用过程中无人为不当操作行为，于是小明电话联系了经销商，经销商同意给换机械，请问小明依据的法律是什么？

2. 在日常生产过程中，我们要养成规范操作的意识，一旦发现有人触电我们应该如何快速处理？

模块二 猪场基础设施

猪场的基础建设应符合当地政府村镇建设的发展规划，符合畜牧业发展规划和畜禽养殖污染防治的有关规定，满足猪场的疾病防控条件，并经当地环保部门进行环境评估后方可建设，严禁使用基本农田用地和林地等。

项目一 基础设施的识别

【情境导入】

为了壮大村集体经济和实现村民脱贫致富，大学生村官张某通过对外招商引资，与投资商王某达成"××村年出栏万头商品猪场建设项目"的投资意向，并邀请投资商王某前往某村实地进行考察。

在张某的陪同下，投资商王某与养猪专家李某对村里的几宗土地进行了实地考察，在确认土地可用于猪场建设的前提下，李某向张某说明猪场建设的必要条件以及卫生防疫要求，初步确定了猪场的建场地址。

对于这个年出栏万头商品猪的现代化猪场，你能协助王某完成猪场整体布局和内部规划吗？猪场的基础建设完成后，需要继续安装猪舍内部设施（如圈栏等），请你协助投资商王某选择适宜的圈栏及材质并安装到位。

投资建设猪场前，一定要事先了解当地的各种政策，清楚猪场建设要具备的主要条件，考察当地是否满足建场要求。由于猪场投资很大，要提前规划布局，充分利用当地优势，达到事半功倍的效果。

 学习目标

1. 知识目标
- 能够结合地理位置，描述出建设猪舍的必要条件；
- 能够根据生产需要，描述出不同类型猪舍的异同点；
- 掌握猪场内部圈栏设计、安装的理论要点。

2. 能力目标
- 结合当地的养殖政策，能够确认建设猪舍的合理位置；
- 根据实际养殖性质与规模，能够合理规划整体布局；
- 根据养殖方式的不同，能够进行单栋猪舍设计。

3. 素质目标
- 树立法律意识和安全意识；
- 树立团队沟通协作的意识；

- 注重动物福利和环保意识。

知识储备

一、猪场的布局与规划

猪场的场地规划是指将功能相同或相似的建筑物集中在猪场的一定范围内，构成不同的功能区。功能分区是否合理，各区建筑物布局是否恰当，不仅影响基建投资、经营管理、组织生产、劳动生产率和经济效益，而且还会影响场区的环境状况和防疫卫生等。因此，认真做好猪场的分区规划和确定场区各种建筑物的合理布局十分重要，猪场功能区划分与主要建筑设施见表2-1-1。

表2-1-1　猪场功能区划分与主要建筑设施

功能区	主要建筑与设施
生产/隔离区	配种舍、妊娠舍、分娩哺乳舍、仔猪保育舍、育肥猪舍、隔离舍、病猪隔离舍、病死猪无害化处理设施、装卸猪台等
生产辅助区	消毒沐浴室、兽医化验室、急宰间和焚烧间、饲料加工间、饲料库、水塔、蓄水池和压力罐、水泵房、物料库、污水及粪便处理设施等
生活管理区	办公用房、食堂、宿舍、文化娱乐用房、围墙及场区其他工程

1. 生活管理区

生活管理区与场外联系密切，为保障猪群防疫，宜设在猪场大门附近，门口分别设置行人、物品、车辆消毒，两侧设值班室和更衣室。

生活区包括文化娱乐室、职工宿舍、食堂等，应设在上风向或偏风向和地势较高的地方，同时其位置应便于与外界联系。

管理区包括办公室、接待室、会议室、技术资料室、化验室、传达室、警卫值班室等，还要有更衣消毒室和车辆消毒设施等设施。

2. 生产辅助区

生产辅助区包括猪场生产管理必需的附属建筑物，如消毒沐浴室、兽医化验室、饲料加工车间、饲料仓库等，与日常的饲养工作有密切的关系，所以生产辅助区应该与生产区毗邻建立。

3. 生产区

生产区包括各类猪舍和生产设施（配种舍、妊娠舍、仔猪保育舍等），是猪场中的主要建筑区，一般建筑面积约占全场总建筑面积的70%～80%，严禁外来车辆进入生产区，也禁止生产区车辆外出。

生产区应独立、封闭和隔离，与生活区和管理区应保持一定距离（最好超过100m），并用围墙或铁丝网封闭起来。围墙外最好用鱼塘、水沟或果林绿化带与生活区和管理区隔离，只设一个大门，并设车辆消毒室、人员物品清洗消毒室和值班室等。

① 猪舍生产区中各猪舍的位置需考虑到方便配种、转群等，并注意卫生、疾病防疫等。种猪舍、仔猪保育舍应置于上风向、地势较高处；繁殖猪舍、分娩舍应设置在位置较好的地方；分娩舍要靠近繁殖猪舍，又要接近仔猪保育舍；育成猪舍靠近育肥猪舍，育肥猪舍设在下风向，且离装猪台较近；隔离舍要设立在猪场的一侧，远离其他猪舍。

各类猪舍按风向由上到下的排列顺序依次是：分娩哺乳舍、配种舍、妊娠舍、仔猪保育舍、生长舍、育肥舍等。若当地全年主风向为西北风、北地势高，均由北向南顺序安排产房、配种舍、妊娠舍、保育舍。

种猪舍要求与其他猪舍隔开,形成种猪区。种猪区应设在人流较少和猪场的上风向,种公猪在种母猪区的下风向,防止母猪的气味对公猪形成不良刺激,同时可利用公猪的气味刺激母猪发情。

猪场设计时,猪舍方向与当地夏季主导风向成30°～60°角,使每排猪舍在夏季得到最佳的通风条件。生产区的入口处,应设立专门的消毒间或消毒池,以便对进入生产区的人员和车辆进行严格的消毒。

② 装猪台、集粪池和商品猪舍置于离场门或围墙近处,围墙内侧东南和西南角各设装猪台一个,场外运猪车在围墙外装猪台装猪,生产区东、西污道均需设栏杆或密植绿篱,作转群或售猪的赶猪通道,外来运猪、运粪车不需进入生产区即可完成工作。

③ 生产区内应设兽医室,该室只对区内开门。为便于病猪处理,通常设在下风方向。

④ 饲料加工区。若饲料厂不在生产区,可在生产区围墙边设饲料间或中转料塔,外来饲料车在生产区外将饲料卸到饲料间或中转料塔中,再由生产区自用饲料车将饲料从饲料间送至各栋猪舍或由中转料塔传送到各栋猪舍的料塔中。若饲料厂与生产区相连,则只允许饲料厂的成品仓库一端与生产区相通,以便于区内自用饲料车运料。

4. 隔离区

隔离区包括兽医诊疗室、病畜隔离舍、尸体解剖室、病尸高压灭菌或焚烧处理设备及粪便和污水储存与处理设施。

病猪隔离舍和粪污处理区应尽量远离生产猪舍,距生产区宜保持至少50m的距离,应设在整个猪场的下风或偏风方向、地势较低处,以避免疫病传播和环境污染,该区是卫生防疫和环境保护的重点区域。

5. 其他设施

场内道路应分设净道、污道,互不交叉。净道专用于运送饲料、健康猪群及饲养员行走等,污道则转运粪污、病猪、死猪等。生产区不宜设置直通场外的道路,以利于卫生防疫,而生产管理区和隔离区应分别设置通向场外的道路。

猪场内排水应设置明道与暗道,注意把雨水和污水严格分开,尽量减少污水处理量,保持污水处理工程正常运转。如果有足够面积,应充分考虑长期发展规划。

二、猪舍类型识别

中国老百姓养猪的历史比较久远,南北方气候差别较大,选择建设猪舍的类型也各有千秋。按猪舍封闭程度可分为开放式、半开放式和密闭式猪舍。其中密闭式猪舍按窗户有无又可分为有窗式和无窗式密闭猪舍。

1. 开放式猪舍

开放式猪舍三面设墙,一面无墙或几乎无墙,通常是在南面不设墙。开放式猪舍结构简单,造价低廉,通风采光均好,但是受外界环境影响大,尤其是冬季的防寒保温难以解决。开放式猪舍适用于农村规模不大的散养户饲养育肥猪,如在冬季加设塑料薄膜可改善保温效果,如图2-1-1所示。

2. 半开放式猪舍

半开放式猪舍三面设墙,一面设半截墙。其优缺点及使用效果与开放式猪舍接近,只是防寒保温性能比开放式猪舍略好,冬季在敞开部分加设塑料薄膜并在薄膜外加盖草帘等遮挡物形成密封状态,能明显提高保温性能。

3. 有窗密闭式猪舍

猪舍四面设墙,多在纵墙上设窗,窗的大小、数量和结构可依当地气候条件来定,如图

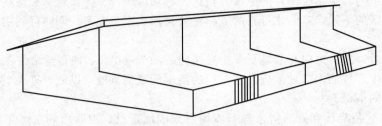

图 2-1-1 开放式猪舍

2-1-2 所示。寒冷地区可适当少设窗户，而且南窗宜大，北窗宜小，以利于保温。夏季炎热地区可在两纵墙上设地窗，屋顶设通风管或天窗。这种猪舍的优点是：猪舍与外界环境隔绝程度较高，猪舍保温隔热性能较好，不同季节可根据环境温度启闭窗户以调节通风量和保温效果，使用效果较好，特别是防寒效果较好；缺点是造价较高。适合于我国大部分地区，特别是北方地区以及分娩舍、保育舍等。

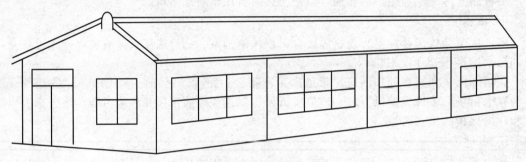

图 2-1-2 有窗密闭式猪舍

4. 无窗密闭式猪舍

猪舍四面设墙，与有窗猪舍不同的是墙上只设应急窗，仅供停电时急用，不作采光和通风用。该猪舍与外界自然环境隔绝程度较高，舍内的通风、光照、采暖等全靠人工设备调控，能给猪提供适宜的环境条件，有利于猪的生长发育，能够充分发挥猪的生长潜力，提高猪的生产性能和劳动生产率。缺点是猪舍建筑、设备等投资大，能耗和设备维修费用高。无窗密闭式猪舍在我国集约化养殖中应用十分普遍，主要适用于对环境条件要求较高的猪，如产房、仔猪保育舍等，育成育肥舍也在逐渐应用。

猪舍的作用是为猪只提供一个良好舒适的生长环境，不同类型的猪舍控制能力不同：一方面影响舍内小气候，如温度、湿度、通风、光照等；另一方面影响猪舍环境改善的程度和控制能力，如开放式猪舍的小环境条件受到舍外自然环境条件的影响很大，不利于采用环境控制设施和手段。因此，根据猪的需求和当地的气候条件，同时考虑猪舍内外其他因素，来确定适宜的猪舍类型十分重要，猪舍类型的选择可参考表 2-1-2。

表 2-1-2 中国猪舍建筑气候分区及房舍类型

气候区域	1月份平均气温/℃	7月份平均气温/℃	平均湿度/%	建筑要求	建议选择的猪舍类型
Ⅰ区	-30～-10	5～26	30～60	防寒、保温、供暖	密闭式
Ⅱ区	-10～-5	17～29	50～70	冬季保温、夏季通风	半开放式或密闭式
Ⅲ区	-2～10	27～30	70～87	夏季降温、通风防潮	开放式、半开放式或有窗式
Ⅳ区	10 以上	27 以上	75～80	夏季降温、通风、遮阳隔热	开放式、半开放式或有窗式
Ⅴ区	5 以上	18～28	70～80	冬暖夏凉	开放式、半开放式或有窗式

三、猪舍结构识别

一个猪舍的基本结构包括地基、地面、墙壁、屋顶、门窗等，如图 2-1-3 所示，地面、墙壁、屋顶、门窗等又统称为猪舍的外围护结构。猪舍的小气候状况在很大程度上取决于猪舍基本结构，尤其是外围护结构的性能。

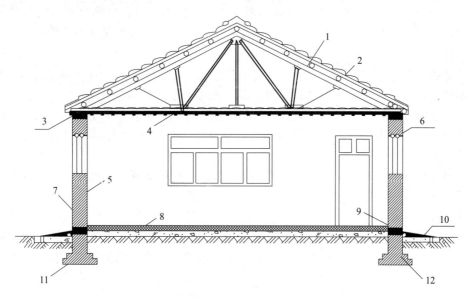

图 2-1-3 猪舍的主要结构
1—屋架；2—屋面；3—圈梁；4—吊顶；5—墙裙；6—钢筋砖过梁；
7—勒脚；8—地面；9—踢脚；10—散水；11—地基；12—基础

1. 地基设计

猪舍的坚固性、耐久性和安全性与地基和基础有很大的关系，因此要求地基与基础必须具备足够大的强度和稳固性，以防止猪舍因沉降（下沉）过大或产生不均匀沉降而引起裂缝和倾斜，导致猪舍的整体结构受到影响。

支持整个建筑物的土层叫地基，可分为天然地基和人工地基。一般猪舍多直接建于天然地基上。天然地基的土层要求结实、土质一致、有足够的厚度、压缩性小、地下水位在 2m 以下。通常以一定厚度的沙壤土层或碎石土层较好。黏土、黄土、沙土、富含有机质和水分、膨胀性大的土层不宜用作地基。

2. 基础设计

基础是猪舍地面以下承载猪舍各种荷载并将其传给地基的构件，它的作用是将猪舍自重及舍内固定在地面和墙上的设备、屋顶积雪等荷载传给地基。基础埋置深度因猪舍自重大小、地下水位高低、地质状况不同而异。

混凝土、条石、黏土砖均可作基础。为防止水通过毛细管向上渗透，一般基础顶部应铺设防潮层。基础一般比墙宽 10~20cm，并呈梯形或阶梯形，以减少建筑物对地基的压力。基础埋深一般为 50~80cm，要求埋置在土层最大冻结深度之下，同时还要加强基础的防潮和防水能力。实践证明，加强基础的防潮和保温，对改善舍内小气候具有重要意义。

3. 地面设计

地面是猪只采食、趴卧、活动、排泄的场所，要求地面保暖，坚实，平整不滑，不透水,便于清扫消毒。

土质地面具有保温、富有弹性、柔软、造价低等特点,但易于渗尿、渗水,很容易被猪拱坏,难于保持平整,清扫消毒困难。可以用红砖平铺或红砖立铺地面,现在常用混凝土地面或用碎石铺底、水泥砂浆抹面。

水泥砂浆面层应做拉毛处理,禁止压光,以利防滑。地面自趴卧区向排泄区应有2%~3%的坡度。目前大多数猪舍地面为水泥地面,为增加保温,可在地面下层铺设孔隙较大的材料,如炉灰渣、空心砖等。为防止雨水倒灌入舍内,一般舍内地面高出舍外30cm左右。

4. 墙壁设计

墙壁是将猪舍与外部空间隔开的主要外围护结构。对墙壁的要求是坚固耐久和保暖性能良好。不同的材料决定了墙壁的坚固性和保暖性能的差异。

石料墙壁的优点是坚固耐久,缺点是导热性强、保温性能差和易于在墙壁凝结水汽,补救的办法是在内墙用砖砌筑,或在外墙壁上附加一层5~10cm厚的水泥墙皮,以增加其保温防潮性能。

砖墙具有较好的保温性能、防潮性能和坚固性能,但应达到一定的厚度。为提高保温性能可砌筑空心墙或内夹保温板或外加保温板的复合墙体。

5. 屋顶设计

屋顶的作用是防止漏水和保温隔热。屋顶的保温与隔热作用比墙大,它是猪舍散热最多的部位,也是夏季吸收太阳能最多的部位,因而要求结构简单,经久耐用,保温性能好。

按猪舍屋顶的结构形式可分为单坡式、双坡式、联合式、平顶式、拱顶式、钟楼式、半钟楼式等类型,如图2-1-4所示,各种样式屋顶结构特点见表2-1-3。

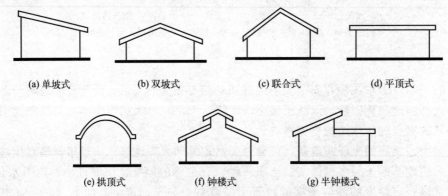

图 2-1-4 不同形式的猪舍屋顶

表 2-1-3 不同样式屋顶特点

屋顶类型	结构特点	优点	缺点	适用范围
单坡式屋顶	以山墙承重,屋顶只有一个坡向,跨度较小,一般为南墙高而北墙低	结构简单,造价低廉,既可保证采光,又缩小了北墙面积和舍内容积,有利于保温	净高较低,不便于工人在舍内操作,前面易刮进风雪	适用于单列舍和较小规模的猪群
双坡式屋顶	是最基本的畜舍屋顶形式,屋顶两个坡向,适用于大跨度畜舍	结构合理,同时有利于保温和通风,易于修建,比较经济	如设天棚,则保温隔热效果更好	适用于较大跨度的猪舍和各种规模的不同猪群
联合式屋顶	与单坡式基本相同,但在前缘增加一个短椽,起挡风避雨作用	保温能力比单坡式屋顶大大提高	采光略差于单坡式畜舍	适用于跨度较小的猪舍

续表

屋顶类型	结构特点	优点	缺点	适用范围
钟楼式和半钟楼式屋顶	在双坡式屋顶上增设双侧或单侧天窗	加强了通风和防暑	屋架结构复杂,用料特别是木料投资较大,造价较高,不利于防寒	多在跨度较大的猪舍采用。适用于气候炎热或温暖地区
拱顶式屋顶	有单曲拱与双曲拱之分,后者比较坚固。小跨度畜舍可做单曲拱,大跨度畜舍可做双曲拱	省木料、省钢材,造价较低	屋顶保温隔热效果差,在环境温度高达30℃以上时,舍内闷热	一般适用于跨度较小的猪舍
平顶式屋顶	屋顶是平的	可充分利用屋顶平台,节省木材	防水问题比较难解决	可用于任何跨度的猪舍

天棚又称顶棚或天花板,是将猪舍与屋顶以下空间隔开的结构。天棚的功能在于加强猪舍冬季的保温和夏季的隔热。天棚应保温,不透气,不透水,坚固耐久,结构轻便简单。天棚上铺设足够厚度的保温层,是天棚起到保温隔热作用的关键,而结构严密(不透水、不透气)是重要保证。保温层材料可因地制宜地选用珍珠岩、锯末、亚麻屑等。

6. 门窗设计

人、猪出入猪舍及运送饲料、粪污等均需经过门。因此,门应坚固耐用,并能保持舍内温度和便于人、猪的出入。门可以设在端墙上,也可以设在纵墙上,但一般不设北门或西门。

双列猪舍门的宽度不小于1.5m,高度2.0m,单列猪舍要求宽度不小于1.1m,高1.8~2.0m。猪舍门应向外开。在寒冷地区,通常设门斗以防止冷空气侵入,并缓和舍内热能的外流。门斗的深度应不小于2.0m,宽度应比门大0.5~1.0m。

封闭式猪舍,均应设窗户,以保证舍内的光照充足,通风良好。窗户距地面1.1~1.2m起,顶距屋檐0.4~0.5m,两窗间隔为窗宽度的2倍左右。在寒冷地区,应兼顾采光与保温,在保证采光系数的前提下尽量少设窗户,并多设南窗,少设北窗。窗户的大小以有效采光面积对舍内地面面积之比即采光系数来计算,一般种猪舍为1:(10~12),育肥猪舍为1:(12~15)。窗底距地面1.1~1.2m,窗顶距屋檐0.2~0.5m为宜。炎热地区南北窗的面积之比应保持在(1~2):1,寒冷地区则保持在(2~4):1。

四、猪栏排列方式识别

猪栏的排列方式可分为单列式、双列式和多列式猪舍,如图2-1-5所示。

图 2-1-5　单列式、双列式及多列式猪舍

1. 单列式猪舍

单列式猪舍的跨度较小,猪栏排成一列,一般靠北墙设饲喂通道,舍外可设或不设运动场。优点是结构简单,对建筑材料要求较低,通风采光良好,空气清新;缺点是土地及建筑面积利用率不高,冬季保温能力差。这种猪舍适合于专业户养猪和饲养种猪。

2. 双列式猪舍

双列式猪舍的猪栏排成两列，中间设通道，有的还在两边再各设一条清粪通道，优点是保温性能好，土地及建筑面积利用率较高，管理方便，便于机械化作业，但是北侧猪栏自然采光差，圈舍易潮湿，建造比较复杂，投资较大。适用于规模化养猪场和饲养育肥猪。

3. 多列式猪舍

多列式猪舍的跨度较大，一般在 10m 以上，猪栏排列成三列、四列或更多列。多列式猪舍的猪栏集中，管理方便，土地及建筑面积利用率高，保温性能好；缺点是构造复杂，采光通风差，圈舍阴暗潮湿，空气差，容易传染疾病，一般应辅以机械强制通风，投资和运行费用较高。主要用于规模化养殖。

五、圈栏识别

猪栏是限制猪只的活动范围和基本防护的设备，为猪的基本活动、生长发育提供了场所，也便于饲养人员的管理。

猪舍的隔栏有砖砌隔栏、金属隔栏和综合式隔栏等形式。砖砌隔栏坚固耐用，耐酸碱，且造价低廉，但有影响舍内空气流通的缺点；金属隔栏用 $DN15 \sim DN20$ 的钢管或者 $\Phi 10$ 钢筋焊接而成，优点是通风、透光，便于清扫和消毒等，缺点是造价高，易被水分和酸碱所腐蚀；综合式隔栏是将上述两种形式融合在一起，使两者互为补充。

猪栏一般分为公猪栏、配种栏、妊娠栏、分娩栏、保育栏、生长育肥栏等。猪栏的基本结构和基本参数应符合 GB/T 17824.3 的规定，见表 2-1-4。

表 2-1-4 各类猪群需圈栏面积

类别	单饲	群饲	
	每头需要面积/m²	每头需要面积/m²	每栏头数
成年公猪	7～9	—	—
后备公猪	—	2～3	5～8
妊娠前期母猪	—	1～2	3～4
妊娠后期母猪	4～6	2～3	2～3
分娩哺乳母猪	4～6	—	—
断乳仔猪	—	0.3～0.4	10～20
生长猪	—	0.4～0.8	10～20
后备猪、育肥猪	—	1.2～1.5	10～20

1. 公猪栏

公猪栏高 $1.2 \sim 1.4m$，面积为 $7 \sim 9m^2$。每栏饲养 1 头成年种公猪，栅栏可以是金属结构，也可以是砖混结构，栏门均采用金属结构。

视频：公猪站　视频：公猪大栏

① 样式。栏片采用多栏片组装式，单片栏位长度不超过 3m，超过 2.5m 栏片中间需增加上下可调的固定脚。两栏片采用扁铁和方管进行连接。

② 栏片。栏片总高 1.2m，外框结构采用 $DN25$ 钢管（管壁厚 2.5mm），内衬竖管采用 $DN15$ 钢管（管壁厚 2.3mm）。支撑脚离地高 150mm，竖管中对中间距 150mm，单片栏长度大约 4m。

③ 栏门。栏门高 1.0m×宽 1.0m，门框为 $DN25$ 钢管（壁厚 2.5mm）；栏栅采用 $DN15$ 管（壁厚 2.3mm），栏栅的管中对中间距 150mm，门耳为 $DN15$ 钢管，长 30mm，焊接在门框两侧，采用双开碰锁结构，栏门可以双向开启。

④ 食槽。公猪单体食槽，材质为304不锈钢（板材厚度≥1.44mm，冲压成型厚度≥1.12mm），可完全翻转洗槽。

⑤ 固定件。

a. 地脚：活动地脚焊接在210mm×80mm×6mm（长、宽和高，下同）钢板上，漏缝地板采用Φ10mm不锈钢螺栓（尼龙块＋304不锈钢螺栓＋304不锈钢自锁螺母）进行固定，紧固方式为向下紧固。

b. 立柱：采用40mm×40mm×2.5mm方管，焊接在240mm×120mm×6mm钢板上，采用Φ10mm不锈钢螺栓（尼龙块＋304不锈钢螺栓＋304不锈钢自锁螺母）固定在漏缝地板上。

立柱与栏片（侧栏片及前栏片）相连，采用M10镀锌（304不锈钢）螺栓穿过立柱及栏片连接板连接；立柱与门相连，采用双开碰锁结构，栏门可双向开启，插片厚度≥6mm。

c. 栏片间：长于3m的两栏片间（即两栏片相接的端头），为5mm×50mm×850mm的钢板，钢板上下各有2个40mm×14mm腰形孔，用M10螺栓（304不锈钢）穿立柱连接固定。

d. 栏片与墙体间：与墙体相连接的栏片一端，上下各焊接有一块100mm×50mm×5mm的钢板，钢板上各有2个18mm×12mm腰形孔（分别位于栏片两侧），用304不锈钢穿墙螺栓固定于墙体上。

e. 栏片与料槽连接：与料槽相连接的栏片一端，料槽靠近过道。上下各焊接有1块与栏杆垂直的120mm×50mm×5mm的钢板，钢板上各有2个30mm×12mm的腰形孔（分别位于栏片两侧），用M10螺栓（304不锈钢）固定于料槽上，料槽可以自由拆卸。

f. 所有连接处连接间隙≤5mm，镀锌（304不锈钢）螺栓连接。

⑥ 上述焊制的栏体及构配件，整体热镀锌，全部热镀锌厚度≥80μm（随机检测十个点，可允许两个点≥75μm，其余必须≥80μm）。

2. 配种栏

配种栏（图2-1-6）有两种：①采用公猪栏，将公、母猪驱赶到栏中进行配种；②采用配种单元，由4个饲养空怀待配母猪的单体限位栏与1个公猪栏组成，公猪饲养在空怀母猪后面的栏中。这种配种栏是公、母猪饲养在一起，具有利用公猪诱导空怀母猪提前发情，缩短空怀期，便于配种，不必专设配种栏的优点。

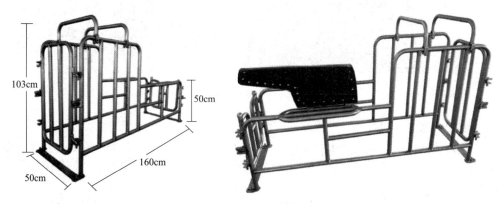

图2-1-6 配种栏

3. 母猪单体限位栏

集约化和工厂化养猪多采用母猪单体限位栏，(2.0~2.2)m×0.6m×(0.9~1.0)m，用钢管焊接而成，由两侧栏架和前门、后门组成，如图2-1-7所示。前门处安装食槽和饮水器，具有坚固耐用、耐腐蚀、好清洗等特点。

视频：半限位栏

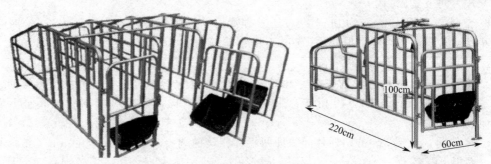

图 2-1-7 普通母猪单体限位栏

单体限位栏饲养空怀及妊娠母猪，能有效节省占地空间，便于观察母猪发情，及时配种，同时避免母猪采食争斗，易掌握喂量，控制膘情，预防流产，以及易于对妊娠母猪的管理。但缺点是限制母猪运动，容易出现四肢软弱或肢蹄病，繁殖性能有降低的趋势。

4. 分娩栏

分娩栏是一种单体栏，是母猪分娩、哺乳和仔猪活动的场所。分娩栏的中间为母猪限位架，母猪限位架一般采用圆钢管和铝合金制成，长2.1~2.3m、宽0.6~0.7m、高1.0m。两侧是仔猪围栏，用于隔离仔猪，仔猪在围栏内采食、饮水、取暖和活动。分娩栏一般长2.1~2.3m，宽1.65~2.0m，仔猪围栏高0.4~0.5m。

视频：分娩栏　视频：产房设备

分娩栏是将漏缝地板铺设在粪沟的上面，再在金属地板网上安装母猪限位架、仔猪围栏、仔猪保温箱等，如图2-1-8所示。

图 2-1-8 母猪分娩栏

分娩栏技术要求如下。

① 规格：长2.3m×宽2.0m×高1.0m，母猪位宽0.7m；母猪区结构采用DN20管（壁厚2.5mm），设前后栏门，栏门易于双向打开和关闭，母猪躺卧区比仔猪活动区高0.5m。

② 分娩栏外框用栏片或中空PVC板（厚30mm、高500mm），PVC围板在侧栏片为一个整体，要求固定牢固不摇晃（图2-1-9）。PVC围板外筋厚度达到1.7mm，内筋厚度1.2mm；抗UV元素含量≥5%，PVC含量≥78%，达到抗老化及阻燃要求，满足生产使用

需求。

图 2-1-9 欧式母猪分娩床

③ 分娩栏尾部有可调节的后挡板，使母猪栏的长度可调节；围栏后挡板设净空 1.0m 宽栏门，可整体拆卸，保证母猪能正常进出。

④ 分娩栏有可调节的防压杆，两条防压杆之间最近距离 35cm，下落后高出产床 32cm，以防止母猪下卧时压到仔猪，防压杆上下活动一定要灵活。

⑤ 分娩栏外侧有可升降的弯曲铁管，高度可以调节，最低位置 20～22cm，最高位置时仔猪吸奶无障碍。

⑥ 产床头部固定下料管及水线。配置 304 不锈钢料槽（厚度 1.5mm），可翻转。

⑦ 分娩栏上所有螺栓和螺母均采用不锈钢材质，螺母采用防滑脱螺母。所有结构配件均整体热浸锌，热镀锌平均厚≥80μm。

⑧ 保温箱（长 1200mm、宽 600mm）采用钢化阻燃 PVC 材料（厚度≥3mm）或阻燃玻璃钢材质（厚度 4mm，受力部分加厚到 6mm）加工成型，满足生产使用，有单独可以固定的卡扣，方便开启及拆卸，有悬挂保温灯的位置，且保温灯能上下升降。

⑨ 母猪位、仔猪区地梁均采用玻璃钢梁，高度 12cm，玻璃钢梁底部宽度不低于 30mm，单筋承重不低于 500kg，梁头固定脚采用高强度卡槽固定，螺栓采用不锈钢螺栓，螺母带阻水圈。支撑卡槽与地面连接采用 M10 膨胀螺栓固定，螺栓距离粪沟内侧壁不低于 6cm。

⑩ 仔猪位地板采用 PVC 全漏缝塑料地板，塑料地板的安装高度允许偏差±1.5mm，塑料地板的装配间隙≤2mm。建议采用橘黄色等漏缝塑料地板。

⑪ 母猪位地板采用三角钢漏缝地板，Φ10 圆钢压轧成型倒三角结构，50% 的漏缝面积，漏粪彻底，无须清扫；倒三角形轧钢，方便落粪，卫生无死角；漏缝侧面及上表面无毛刺，不伤母猪乳头及猪蹄，后部清粪口地板，清扫口盖不易被猪只拱起或踩翘打开。

⑫ 保温灯及灯罩采用 2 挡 175W/250W 可调红外线灯泡。由控制箱至保温灯头处的电线电缆、灯座（匹配保温灯罩预留口）、线管、开关及安装配件均由电工安装。

5. 仔猪保育栏

仔猪保育栏主要由漏缝地板、围栏、自动食槽构成，猪场只需要在保育床的下面设粪尿沟，就可以节省日常的清洗劳力。

现代化猪场多采用高床网上保育栏，主要由漏缝地板网、围栏、自动食槽、连接卡、支腿等部分组成，相邻两栏在间隔处设有一个双面自动食槽，供两栏仔猪自由采食，每栏各安装一个自动饮水器。

常用仔猪保育栏长 2m、宽 1.7m、高 0.7m，侧栏间隙 5.5cm，离地面高度 0.25～0.30m，可饲养 10～25kg 体重的

视频：保育栏

视频：保育栏空气滤网

仔猪 10~12 头，如图 2-1-10 所示。

图 2-1-10　仔猪保育栏

仔猪保育床的作用：

① 减少转群应激。仔猪在转群前是在产床上饲养的，保育床与产床上仔猪活动栏和地板相似，有助于仔猪尽快适应养殖环境，减少应激反应。

② 有助于隔离粪便，降低仔猪的患病率。保育床离地面大概有 30cm 的高度，如果采用的是塑料漏缝地板，可以给小猪提供一个清洁、干燥、温暖、空气新鲜的生长环境，还能减少小猪的患病率，提高猪场的生产效率。

③ 采用双面复合料槽配置，不伤猪嘴，不浪费饲料。

④ 干净卫生的饲养环境，使断奶后仔猪尽快适应环境，更能充分发挥猪只的生长潜能。

⑤ 便于管理。一窝仔猪大概有 10~15 只，大型猪场要同时管理几十窝仔猪，任务很重。

保育舍栏位及附件技术要求：

① 围板组合采用方管（30mm×30mm×2mm）与 U 型钢结合，采用螺栓连接。保育床围栏总高 70cm，下部 PVC 板高 50cm，上部采用水平两道方管组合而成。

② PVC 板强度能保证仔猪不能对其造成破坏；PVC 板颜色为乳白色、蓝色及橙色（不应使用清洗后不易看出是否冲洗干净的颜色）；PVC 围板外筋厚度达到 1.5mm，内筋厚度 1.2mm；抗 UV 元素含量≥5%，PVC 含量≥78%，达到抗老化及阻燃要求。PVC 围板两端的固定采用双向立柱，超过 2m 长度围板中间加镀锌扁钢辅助固定。

③ 漏缝地板、支撑梁采用玻璃钢梁；支撑梁强度能有效承担，且保证地梁高度 120mm，地梁底部宽度不低于 30mm。梁头固定脚采用高强度卡槽，地梁与卡槽螺栓采用不锈钢螺栓，螺母带阻水圈。支撑卡槽与地面连接采用 M10 膨胀螺栓固定。

④ 保育床体采用塑料漏缝地板；塑料漏缝地板的规格依照保育床的规格自行组合，承担荷载并能充分满足生产要求；塑料漏缝地板要求与支撑梁结合处要有保证牢固性的构造，确保不能让猪拱开；塑料漏缝地板缝宽 10mm，没有锋利的尖角，边缘处理成圆润边缘，能有效减少对仔猪的伤害，且清洗方便。

⑤ 地板采用 PVC 全漏缝塑料地板，安装高度允许偏差为±1.5mm，装配间隙≤2mm。建议采用橘黄色等漏缝塑料地板。

⑥ 靠近过道处留栏门，栏门宽度 900mm，门能双向开启。保温区域宽度≥80cm，靠近墙体处，有单独可以固定的卡扣，方便开启和拆卸。

⑦ 保育床上的所有金属构件均进行热镀锌处理，全部热镀锌厚度≥80μm（随机检测十个点可允许两个点≥75μm，其余必须≥80μm）。

保育舍栏位的保温要求：

① 保温盖板及安装配件含在设备内，保温灯头做好预留口，满足通用安装要求；保温盖板采用 30mm 厚中空 PVC 板，PVC 围板外筋厚度达到 1.5mm，内筋厚度 1.2mm；抗

UV 元素含量≥5‰，PVC 含量≥78%，达到抗老化及阻燃要求。

② 保温灯（图 2-1-11）及灯罩采用 2 挡 175W/250W 红外线灯泡，挡位可调，具体要求为：a. 挡位开关设置在灯头位置，灯头要有散热装置；b. 采用瓷灯头，灯头里面螺纹口采用铜、铜镀镍，杜绝使用铁质；c. 整个灯具、线路、开关要有防渗水功能；d. 灯具自带 2.2m 电线，线径不小于 $0.75mm^2$，安装时，分娩舍灯线直接接入主干线的接线盒内，保育舍采用自带插头和墙上插座相配套；e. 保温灯自带防触碰的防护罩。

图 2-1-11　保温灯

6. 生长育肥舍大栏

生长育肥猪栏常用的有以下两种：一种是采用全金属栅栏加水泥漏缝地板条，也就是全金属栅栏架安装在钢筋混凝土板条地面上，相邻两栏在间隔栏处设有一个双面自动饲槽，供两栏内的猪自由采食，每栏各安装一个自动饮水器。

视频：育肥栏

另一种是采用实体隔墙加金属栏门，地面为水泥地面，后部设有 0.8～1.0m 宽的水泥漏缝地板，下面为粪尿沟。实体隔墙可采用水泥抹面的砖砌结构，也可采用混凝土预制件，高度一般为 1.0～1.2m。

几种猪栏（栏栅式）的主要技术参数见表 2-1-5。

表 2-1-5　几种猪栏（栏栅式）的主要技术参数　　　　　　　　　　单位：mm

猪栏类别	长	宽	高	隔条间距	备注
公猪栏	3000	2400	1200	100～110	—
后备母猪栏	3000	2400	1000	100	—
培育栏 1	1800～2000	1600～1700	700	≤70	饲养 1 窝猪
培育栏 2	2500～3000	2400～3500	700	≤70	饲养 20～30 头猪
生长栏 1	2700～3000	1900～2100	800	≤100	饲养 1 窝猪
生长栏 2	3200～4800	3000～3500	800	≤100	饲养 20～30 头
育肥栏	3000～3200	2400～2500	900	100	饲养 1 窝猪

注：在采用小群饲养的情况下，空怀母猪、妊娠母猪栏的结构与尺寸和后备母猪栏的相同。

育肥舍大栏及附件技术要求如下。

① 全漏缝地面的大栏加工要求。栏片采用多栏片组装式，单片栏位长度不超过 3m，超过 2.5m 栏片中间需增加上下可调固定脚，两栏片采用扁铁和方管进行连接。

② 栏片。栏片总高 0.9m，外框结构采用 DN20 黑管热浸锌（壁厚 2.3mm），内衬竖管采用 DN15 黑管热浸锌（壁厚 2.3mm），支撑脚离地高 100mm，竖管中对中间距≤100mm，单片栏≤3m。

③ 栏门。栏门高 0.8m、宽 1.0m，门框为 DN20 黑管热浸锌（壁厚 2.3mm），内衬竖管为 DN15 黑管热浸锌（壁厚 2.3mm），内衬竖管中对中间距≤100mm。采用左右双开碰锁结构，碰锁插片厚度不小于 6mm。

④ 固定件。

a. 地脚：地脚焊接在钢板（240mm×120mm×6mm）上，混凝土地面采用304不锈钢M10×100mm（内胀丝）膨胀螺栓固定在地面上，漏缝地板采用Φ10mm304不锈钢自锁螺母进行固定，紧固方式为向下紧固。

b. 栏角立柱：将方管（40mm×40mm×2.5mm）焊接在钢板（240mm×120mm×6mm）上，在水泥地面用304不锈钢M10×100mm（内胀丝）膨胀螺栓固定；漏缝地板上采用Φ10mm304不锈钢螺栓尼龙块＋下端安装不锈钢自锁螺母进行固定；立柱与栏片（侧栏片与前栏片）用304不锈钢M10螺栓穿过立柱及栏片连接板连接。

c. 栏片间：长于3m的两栏片间（即两栏片相接的端头），为5mm×50mm×850mm的钢板，钢板上下各有2个40mm×14mm腰形孔，用304不锈钢M10螺栓穿立柱连接固定。

d. 栏片与墙体间：与墙体相连接的栏片一端，上下各焊接一块100mm×40mm×5mm的钢板，钢板上各有2个18mm×16mm腰形孔（分别位于栏片两侧），穿墙用304不锈钢M14螺栓固定于墙体上。

e. 栏片与料槽连接：与料槽相连接的栏片一端，料槽靠近过道处，距离外侧栏片50cm，上下各焊接一块与栏杆垂直的120mm×40mm×5mm的钢板，钢板上各有2个30mm×12mm的腰形孔（分别位于栏片两侧），用304不锈钢M10螺栓固定于料槽上。

f. 所有连接处连接间隙≤5mm，采用304不锈钢螺栓＋304不锈钢自锁螺母连接。

g. 上述焊制的栏体及配件，以及未特别注明的管材、板材均为热镀锌材质，全部热镀锌厚度≥80μm（随机检测十个点可允许两个点≥75μm，其余必须≥80μm）。

h. 所有栏片及构件的连接均采用304不锈钢螺栓＋304不锈钢自锁螺母连接，杜绝现场焊接。

 技能训练

识别与区分不同类型的猪舍结构，阐释不同猪舍、屋顶的优缺点，完成《实践技能训练手册》中技能训练单3、4、5。

项目二　栏位的安装与维护

【情境导入】

猪场的各种栏位已经购进，现在需要将圈舍栏位依据清单确认并安装，整体连接完成后进行调试。

 学习目标

1. 知识目标
- 了解不同栏位的功能和特点，能够根据不同的养殖需求选择合适的栏位类型；
- 熟悉栏位安装过程中的技术要求和需要注意的事项。

2. 能力目标
- 结合不同猪舍特点确定栏位顺序并组织安装，确保栏位牢固、稳定、可靠；

- 能够根据实际养殖需求调整栏位布局，提高猪只舒适度和生产效率；
- 能够合理使用、正确清理，能够及时发现和解决栏位安装过程中出现的问题，维护与保养。

3. 素质目标
- 培养学生对猪场设备的爱护和保养意识；
- 增强学生的责任感和团队协作精神；
- 增强学生的安全意识和环保意识。

 知识储备

一、限位栏安装

单体限位栏由热镀锌钢管焊接而成，坚固耐用、耐腐蚀和易于清洗，采用母猪限位栏养猪能有效利用建筑面积，便于对妊娠母猪的管理，提高养殖经济效益。

1. 安装要求

① 打膨胀螺钉。在限位栏底脚焊垫片，采用膨胀螺钉将其直接固定在水泥地面上，如图 2-2-1 所示。

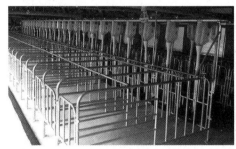

图 2-2-1　螺钉固定母猪限位栏

② 预埋式。底部用 8 号螺纹钢焊接底座与底脚，加强拉力，再铺水泥地面，此种方法会增加铺水泥地面的难度，如图 2-2-2 所示。

图 2-2-2　预埋式母猪限位栏

③ 架漏粪地板。此方法直接将限位栏固定在复合漏缝地板上，保持母猪位干燥，但造价成本高，如图 2-2-3 所示。

2. 安装操作

① 设定好过道距离，将边脚放到单元两端，拉好定位线后，观察两边脚间的距离是否

图 2-2-3 漏缝地板母猪限位栏

相等,要求直而不能有斜度。

② 依次将其他边脚放好,放置横边脚的距离是地板的宽度,边脚与中脚的距离是地板的长度。

③ 边脚和中脚之间安装地板,将螺钉拧紧。

④ 此刻观察左右栏是否安反,及是否安装横平竖直。

⑤ 安装限位栏前门和后门。

二、分娩栏安装

1. 安装要求

分娩栏整体安装完毕后,能确保满足正常生产使用要求,不应出现漏缝地板塌陷、栏体晃动、地梁断裂等现象,并便于清理、消毒。

① 围栏要求:固定牢固,顺直平整、栏门开启灵活,无明显尖锐角。

② 塑料漏缝地板组装时应整体平整,装配自如。围栏与漏缝地板缝隙≤2cm,板缝拼装高差为±1.5mm,间隙≤2mm。

③ 母猪栏体及母猪料槽固定牢固,两端使用不锈钢自锁螺母固定限位,固定件采用≥3mm 专业插销,限位准确。

④ 地梁固定牢固,不应出现侧翻。相邻地梁高差≤2mm。

⑤ 仔猪饮水碗安装于保温箱对面漏缝地板的前部铁围栏上,安装高度 10cm。

⑥ 下料管底部做斜口,并对切割后尖的部位进行倒钝打磨处理,安装高度离食槽底部 200mm。

⑦ 所有螺栓紧固件均采用 Φ8mm304 不锈钢螺栓和 304 不锈钢自锁螺母。

⑧ 组装过程中杜绝现场焊接。

2. 安装操作

母猪产床作为规模化养殖场和个体养猪户都适用的养猪设备,利用支腿和漏缝地板的拼接,使产床和地面分离,实现高床分娩和网上养殖。双体母猪产床作为大宗货物,需要发散件,养殖户要自己组装起来使用。现介绍母猪产床的具体安装步骤。

安装前按照发货清单,清点配件数量。

取出底梁、边梁、支腿,按照漏缝地板的尺寸依次排开。

① 将边梁和第一根底梁加上支腿用螺栓固定连接,依次按顺序安装其他立梁和边梁支腿;安装侧边卡槽立柱,用以连接 PVC 板围栏。

② 将 4 片母猪栏位大梁固定在塑料漏缝地板和铸铁漏缝地板中间。

③ 安装小猪位漏缝地板及母猪位漏缝地板(图 2-2-4)。把漏缝地板安装在底梁上。

注意：要使每块漏缝地板都安装牢固，如尺寸出现偏差、不好挂槽的情况，可以轻微调节底梁的固定位置，使床面平整。

 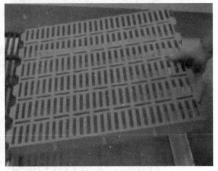

图 2-2-4　母猪和仔猪漏缝地板安装

④ 安装前后门（图 2-2-5）及 PVC 板（图 2-2-6）挡板围栏，用固定销子把仔猪位围栏和前后门及母猪位前后门连接在边梁及围栏上。

图 2-2-5　安装前后门

图 2-2-6　PVC 板安装

⑤ 按照说明安装仔猪防护栏（图 2-2-7）。

图 2-2-7　仔猪防护栏安装

⑥ 安装母猪位顶部防跳杆，防止母猪跳出。

⑦ 料槽的安装（图 2-2-8）。

图 2-2-8　料槽的安装

至此母猪产床安装完毕，检查各部位组装是否牢固。

三、保育栏安装

1. 设计要求

保育栏适用于断奶后仔猪培育使用，可养 1 窝保育猪，全塑料地板（地板规格：500mm×600mm），玻璃钢支撑梁，PVC 板围栏（高 600mm，厚 35mm），2 栏共用一套干湿自动饲槽。

① 每头仔猪占 0.3 m^2 的空间。

② 每栏 16～24 头仔猪。

③ 每 8 头为一组，用隔板分开。

④ 每 4 头一个食位，占 1.5 m^2 空间。

⑤ 漏缝地板占 50% 以上，100% 更好。

⑥ 刚断奶的仔猪要放在保温区。

⑦ 努力使 8 周龄仔猪体重达 20kg 以上。

⑧ 注射疫苗，以增强后期抗病力。

仔猪到达 4～5 周龄后才能混养，这样相对安全，让它们在保育舍待到 8～10 周龄，至少 25kg 体重才能转到生长栏舍。

2. 结构要求

保育栏由保育栏侧栏、隔栏、前门、复合双面料槽、复合材料地板、中脚、边脚、螺栓等组成，如图 2-2-9 所示。30mm×30mm×3mm 角钢围栏（刷漆防腐），围栏高 700mm，双面铸铁底饲槽，2 套不锈钢饮水器（型号可定制）。保育栏可养 1 窝（约 10 头）保育猪，全塑料地板（地板规格：500mm×600mm），玻璃钢支撑梁，PVC 板围栏（高 600mm，厚 35mm），2 栏共用一套干湿自动饲槽。

图 2-2-9 保育栏

3. 安装要求

保育栏整体安装完毕后，能确保满足正常生产要求，不应出现漏缝地板塌陷、栏体晃动、地梁断裂等现象。组装过程中应杜绝出现现场焊接。

① 围栏要求：牢固可靠，顺直平整，栏门开启灵活，无明显尖锐角，以免造成猪只伤害。

② 塑料漏缝地板组装时应装配自如，组装后应整体平整。围栏与漏缝地板缝隙≤2cm，板缝高差±1.5mm，装配间隙≤2mm。

③ 料槽靠近过道处，距离外侧栏片 50cm，连接处与围板立柱之间距离≤1.5cm，用 M10 304 不锈钢螺栓和 304 不锈钢自锁螺母连接。

④ 地梁固定牢固，不应出现侧翻。相邻地梁高差≤2mm。

⑤ 所有螺栓紧固件均采用 M10 304 不锈钢螺栓和 304 不锈钢自锁螺母。

⑥ 组装过程中应杜绝现场焊接。

4. 安装操作

① 安装前按照发货清单清点配件数量，查看是否有遗漏。

② 按照漏缝地板的尺寸把支撑腿、竖梁、边梁摆放在大体形状的位置，这样保育床的模型就出来了，如图 2-2-10 所示。

③ 将第一根底梁与边梁的支腿用螺栓连接固定，如图 2-2-11 所示。

④ 将其他底梁依次进行排列，尺寸宽度分别为 1250cm、1500cm、1750cm、1750cm、1500cm、1250cm。

⑤ 将所有塑料漏缝地板按照次序一次排列整齐，如有发现不能摆放的漏缝地板，必须要适当调整竖梁尺寸，摆放完整后要将螺栓固定以便安装围栏，先将第一个边栏 2.1m 以及 1.8m 的中围栏安装好，如图 2-2-12 所示。

⑥ 将 2.1m 边栏以及 2 个 1.8m 围栏安装完毕后，再将 2.1m 中围栏挂上双面料槽。

⑦ 安装完毕后用固定插销把边栏与边栏的固定点连接好，以免边栏脱落。

⑧ 安装完毕后将所有螺栓固定紧，然后将双面料槽放入 2.1m 中围栏，如图 2-2-13

所示。

⑨ 整机组装好之后用手晃动每片围栏，试验每个连接件的连接是否紧固。确保仔猪保育床床面平整、连接稳定，无异常情况。

图 2-2-10　摆好花梁、横梁、支腿

图 2-2-11　摆好花梁、横梁、支腿并用螺栓固定好

图 2-2-12　将塑料板挂在横梁上

图 2-2-13　将围栏固定在花梁上

【资料卡】　仔猪保育栏的优点

① 仔猪保育栏可为小猪提供一个清洁、干燥、温暖、空气新鲜的生长环境。

② 仔猪保育栏主要由金属编织漏缝地板网、围栏、自动食槽，连接卡、支腿等组成，金属编织网通过支架设在粪尿沟上（或实体水泥地面上），围栏由连接卡固定在金属漏缝地板网上，相邻两栏在间隔处设一自动食槽，供两栏仔猪自动采食，每栏安装一个自动饮水器。网上饲养仔猪，粪尿随时通过漏缝地板落入粪沟中，保持了网床上干燥、清洁，使仔猪避免粪便污染，减少疾病发生，大大提高仔猪成活率，是一种较为理想的仔猪保育设备。

③ 仔猪保育栏的长、宽、高尺寸，视猪舍结构不同而定。常用的规格：栏长 2m，栏宽 1.7m，栏高 0.6m，侧栏间隙 0.06m，离地面高度为 0.25～0.3m。可养 10～25kg 的仔猪 10～12 头。

④ 保育栏也可采用金属和水泥混合结构，东西面隔栏用水泥结构，南北面隔栏仍用金属结构，这样既可节省一些金属材料，又可保持良好通风。

⑤ 保育仔猪养殖所需要的栏具、四周围栏、塑料漏缝地板等，在底部有扁钢支撑。配有双面 6 孔育仔料槽、饮水器。床底与床架以螺栓连接拼装，每栏片之间用插销连接，方便组装和猪场管理。

四、公猪舍大栏安装要求

① 栏片每个栏脚固定点不少于4个，固定牢固，安装顺直。
② 栏门操作灵活，开启方便。
③ 料槽固定牢固，下料调节杆灵活、准确。
④ 所有螺栓紧固件均采用 M10 304 不锈钢螺栓和 304 不锈钢自锁螺母。
⑤ 组装过程中应避免现场焊接。

五、育肥舍大栏安装要求

① 栏片每个栏脚固定点不少于2个，固定牢固，安装顺直。
② 栏门操作灵活，开启方便。
③ 料槽固定牢固，下料调节杆灵活、准确。
④ 所有螺栓紧固件均采用 M10 304 不锈钢螺栓和 304 不锈钢自锁螺母。
⑤ 组装过程中应杜绝现场焊接。

六、栏位验收标准

① 栏片外观整齐，顺直，固定牢固；栏门开关灵活。
② 栏片垂直无倾斜；水平无弯曲。
③ 镀锌管焊接点镀锌外观光滑平整，无夹渣。
④ 镀锌层均匀，无明显毛刺，无溢流、起泡、脱皮等现象。
⑤ 料槽固定牢固，边角做倒角处理。
⑥ 产床玻璃钢梁、镀锌板梁固定牢固，无倾斜。
⑦ 塑料漏缝地板组装时应整体平整，板缝拼装高差±1.5mm，间隙≤2mm。
⑧ 保育床玻璃钢梁或镀锌板梁固定牢固，无倾斜。

七、栏位日常维护

① 设备如有生锈现象应及时处理，对生锈处打磨后涂漆进行防腐防锈。
② 螺栓等紧固件如有松动应及时拧紧加固，并定期涂抹润滑油。
③ 定期检查栏位等配件是否有弯曲变形，如有，应及时加固或更换。
④ 每次仔猪出栏后，对整套设备进行清洗消毒和维护。
⑤ 定期对焊接口涂漆，以防止焊接口生锈腐蚀（每年至少一次），若开焊应及时补焊。
⑥ 对所有栏位每个月定期检查。
⑦ 猪群整体移除后，要做好清洗消毒工作，并及时对栏位进行修补。

设备维修
管理制度

 技能训练

掌握不同栏位安装要求及技术要点，完成《实践技能训练手册》中技能训练单6、7。

【思政小贴士】

中国老一辈畜牧专家——张克威

张克威（1901年—1974年），著名的农业科学家、农业教育家，沈阳农业大学（原沈阳农学院）的主要创始人和领导人。1919年毕业于吉林市两级师范学校。同年五四运动爆发，张克威开始关注国家的前途命运。他认为中国贫穷落后是由于农业不发达，农民贫困是不懂科学。所以，他要走农业救国的道路。1921年他留学美国，1931年，为了实现"科学救国"的夙愿，放弃了在美国工作的机会和优越的生活条件，毅然乘远洋客轮踏上归国的旅途。张克威一生孜孜不倦，博学多才。他精通英语、日语，还掌握法、德、西班牙等语种。曾任吉林省建设厅厅长，东北人民政府农业部副部长，沈阳农学院院长、党委书记，是沈阳农业大学（旧称沈阳农学院）的创立人。张克威在沈阳农学院任职20多年，从始至终都是兢兢业业，任劳任怨地工作。从院址的选定、学校的建设和布局、科系设置、畜牧场的管理、植物园的开辟，以及师生生活等等，每一项都浸透着他的心血。张克威是一位把个人命运和国家民族命运联系在一起的人。他从赴美国留学到毅然回国，从投身抗战到成为抗日民主根据地农牧业及科研的创建人，从开拓东北地区农业教育科研工作到创办国内一流的综合性农业大学，为我国农业高等教育和科研事业的发展做出了卓越的贡献。

练一练

（一）填空题

1. 猪场生产区面积，一般可按繁殖母猪每头（　　）m^2 或上市商品育肥猪每头（　　）m^2 考虑。
2. 猪舍按风向由上到下的排列顺序依次是：配种舍、分娩哺乳舍、断奶仔猪舍、生长舍、（　　）、（　　）等。
3. 按猪舍封闭程度可分为（　　）、（　　）和（　　）和猪舍。
4. 猪舍屋顶的结构形式可分为单坡式、双坡式、平顶式、钟楼式、半钟楼式、（　　）、（　　）等猪舍类型。
5. 猪栏一般分为公猪栏、配种栏、妊娠栏、分娩栏、（　　）、（　　）等。
6. 集约化和工厂化养猪多采用（　　）管理母猪。
7. 分娩栏的中间为（　　），两侧是（　　）。
8. 现代化猪场多采用（　　）管理仔猪。

（二）判断题

1. 目前，我国大型、中型规模化商品猪场采用育种场经营模式。（　　）
2. 组建哺乳母猪群的时间间隔叫作繁殖节律，年产5000～30000头商品猪的猪场多实行1或2日制。（　　）
3. 大型猪场，种公猪区在种母猪区的下风向。（　　）
4. 为防止水通过毛细管向上渗透，一般基础顶部应铺设防潮层。（　　）
5. 猪场的采光系数，种猪舍为1:(10～12)，育肥猪舍为1:(12～15)。（　　）
6. 空怀和妊娠母猪舍可设计成单列式、双列式或多列式。（　　）

7. 单体限位栏饲养妊娠母猪,可以控制膘情,预防流产。(　　)
8. 在分娩栏中,母猪躺卧区比仔猪活动区高 50mm。(　　)
9. 分娩栏尾部有可调节的后挡板,使母猪栏的长度可调节。(　　)
10. 保温灯采用 2 挡 175W/250W 红外线灯泡,挡位可调。(　　)

（三）选择题

1. 猪场建设标准,要求距离国道、省际公路（　　）m 以上。
   A. 500　　　　　B. 300　　　　　C. 100　　　　　D. 非上述答案
2. 下列建筑不属于猪场生产辅助区的是（　　）。
   A. 饲料加工车间　B. 猪场化验室　　C. 修理车间　　　D. 锅炉房以及水泵房
3. 按照布局,位于猪场最上风口的猪舍是（　　）。
   A. 妊娠舍　　　　B. 配种舍　　　　C. 育肥舍　　　　D. 仔猪舍
4. 公猪栏面积一般为（　　）m²。
   A. 10~11　　　　B. 5~6　　　　　C. 7~9　　　　　D. 非上述答案
5. 仔猪保育常采用地面或网上群养,每群（　　）头。
   A. 7~8　　　　　B. 5~6　　　　　C. 8~12　　　　D. 非上述答案

（四）简答题

1. 为了提高使用年限,节省经济成本栏位的日常使用中应该怎样维护?
2. 简述仔猪保育床的作用。

模块三　饲喂设备

猪场饲喂系统是猪场日常管理必备的工作，完整的饲喂系统可以提高猪的饲料转化率，提高猪场的经济效益。作为猪场养殖者，要对猪各个阶段的饮食需求规律正确的掌握，合理地对猪进行饲喂。针对猪生长的阶段性，合理选用饲喂系统。

项目一　饲喂设备的识别

【情境导入】

某自繁自养猪场转入保育舍一批断奶仔猪，饲喂时发现仔猪采食量降低。经分析，引起仔猪采食量低的原因有以下几点：一是饲槽的数量；二是断奶应激；三是饲料的改变；四是舍内环境的变化；五是疾病的影响。

本次转群的仔猪采食量降低主要是因为断奶应激和环境的改变（饲槽变化），应往饮水里添加抗应激的药物，增加抵抗力。保育舍的环境应尽可能与分娩舍的环境相似或相近，温度控制在 23~25℃。

转群前要做好圈舍的消毒，保证圈舍的干燥和温度的控制，饲喂料槽的匹配及饲养密度控制，转群时一定要减少应激。

 学习目标

1. 知识目标
- 能够认识并能总结不同饲槽的优缺点；
- 了解不同饲喂系统的工作原理和适用阶段。
2. 能力目标
- 能够根据猪的生长阶段，选择合适的饲喂设施。
3. 素质目标
- 培养对猪场饲喂系统的责任心，确保安全、高效地运行；
- 树立对猪场经济效益的重视，合理使用资源，提高效益；
- 培养对猪场可持续发展的意识，关注环保和资源利用。

视频：饲喂系统

 知识储备

猪供料系统

一个完整的猪场供料系统包括送料车、料塔、输料管网、定量杯及饲槽等组成。

1. 送料车

主要是整体罐装汽车，如图 3-1-1 所示。

2. 料塔

料塔即为饲料存储塔（图 3-1-2），它是一种适合大型和中型农场的存储设备。进料设备在猪场出口处配备，有定期向猪舍中输送饲料的功能。常见的料塔是由料仓主体、翻盖、爬梯以及立柱等组成。

图 3-1-1　送料车

图 3-1-2　饲料存储塔

料塔主要用于存储干粉或颗粒状复合饲料。料塔按生产材料不同分为镀锌材料塔、碳钢储藏塔、玻璃钢料塔等。此外，不同材料的料塔其体积也会不同，根据体积和形状可分为多种型号，底部带有圆锥形的料塔可用于农场、谷物储存，还可与进料和研磨的工具配合使用。当然，它也可用于短期或临时谷物的存储。

料塔设计为圆柱形和圆锥形，顶部较宽，底部较窄，这样的设计可以使进料平稳，避免堵塞的问题。料塔的侧面还具有一些通风孔，能够去除各种气体，有助于平常的清洁工作。料塔通常直径较小，高度较高。当饲料中的水分含量超过13％或者储存的时间超过2天之后，料塔中很容易出现"结拱"的现象，使饲料难以排出，因此需要安装破拱装置，一定要注意。

料塔还提供了一种自动上料设备，该设备功能强大并且可以合理地匹配进料。同时，料塔也具有储水功能，使用时将饲料倒入储水装置，使饲料和水进行合理的混合，然后由进料器送到猪舍，自动进料器的输送，在一定程度上减少了劳动力，提高了经济效益和育种工作的便利性。

料塔特点以及结构：料塔由料仓主体、翻盖、爬梯、立柱等组成，料塔主体采用 $275g/m^2$ 双面热镀锌板制成（图 3-1-3），防护爬梯人性化设计（图 3-1-4），下锥设有透视孔（图 3-1-5），能够查看料仓与料位。料塔容积根据实际需求有不同组合，并具有高强度、耐腐蚀、使用寿命长、安装便捷的优点。

$275g/m^2$ 热镀锌板
高强度
耐腐蚀
防雨性更好

图 3-1-3　高强度热镀锌

视频：料塔

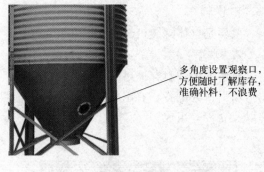

图 3-1-4　安全防护爬梯　　　　　　　　　图 3-1-5　透视孔

料塔的中围板设有流水坡，兼顾密封并呈 30°倾斜锥顶（图 3-1-6），中围板底部翻边，使雨水远离下料区域，提供全天候保护而不受天气的影响。下锥内侧半圆头螺钉连接，可有效下料，减少阻力防止锥板压折。

图 3-1-6　流水坡

料塔为养殖户提供了巨大的便利，规模化养殖场使用饲料塔的优点如下：
① 缓解养殖场招工难、用工成本高的问题；
② 定量供食，避免出现人工饲喂采食量不一致、营养不均、发育不良现象；
③ 美化养殖场，经久耐用；
④ 可向里面加药，方便平常和紧张时期的养殖保健和预防用药；
⑤ 方便养殖场的日常管理；
⑥ 封闭式下料设计，能有效减少老鼠、苍蝇等对饲料的污染和偷吃；
⑦ 有利于健康养殖和减少饲料浪费，提高养殖性能，降低养殖成本。

3. 输料管网

输料管线是通过电机转动把料塔里的饲料输送到猪舍内部的设备。它是由管网（硬塑或不锈钢管）、绞龙式料线（图 3-1-7）或者塞片式料线（图 3-1-8）及转角（图 3-1-9）组成。

 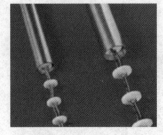 

图 3-1-7　绞龙式料线　　　　图 3-1-8　塞片式料线　　　　图 3-1-9　转角

塞片链条主要用于输料管内，通过主机带动链条输送饲料，是自动化养猪设备中猪场自动化料线里用于运输饲料的主要配件。采用高强度低碳合金材料链条，拉伸强度大，延展率低，可承受更大拉力，塞片选用纯原料尼龙一次注塑而成，抗磨性好，拉力大，使用寿命长；采用满环注塑，有效地避免了塞片注塑部分与链条之间滑动脱落。

塞片链条的优点：①采用高强力链条，拉力大，韧性强，经过特殊热处理，屈服强度达 1.5~1.8t，破断力达 3.2~3.5t。塞片链条采用纯尼龙原料注塑而成，耐磨性好，抗拉能力强，经久耐用。②测试数据：抗拉力达 3.2~3.6t，是普通链条抗拉力的 3 倍。注塑部分防脱落拉力达 800kg，是普通塞片防脱落拉力的 5 倍。③塞片是自动化养猪设备中猪场自动化料线里用于运输饲料的主要配件。

4. 定量杯

定量杯：容量 6L，使用透明聚丙烯为原料，注塑成形，透明度好，外观平整美观，如图 3-1-10 所示。定量杯包括储料盖、储料斗、下料控制阀、食量调节器、刻度带，储料盖设有半圆形进料口，进料口下端与设在储料斗上的凸状进料槽相连，储料盖顶设有下料绳穿孔，下料绳与球状下料控制阀相连，储料斗前后两面设有食量调节器卡槽，储料斗正面卡槽旁边设有刻度带，储料斗下端出口设有可伸缩下料管。

图 3-1-10　定量杯

视频：定量器

视频：分娩下料器

定量杯的特点：

① 0.25kg 至 3kg 可调式透明饲料定量配给器，有效控制怀孕母猪的膘情。

② 带有单个母猪加药孔，方便个别母猪保健和治疗用药。

③ 带有记录夹子，方便母猪资料的管理和使用。

④ 封闭式下料设计，有效减少老鼠、苍蝇等偷吃和污染饲料。

⑤ 与自动化落料系统配合使用，可做到所有猪只同时喂料，减少喂食应激。

5. 饲槽

饲槽的种类很多，按其喂料方式不同可分为限量饲槽和非限量饲槽（即自动食箱）；按其形状不同可分为长方形饲槽和圆形饲槽，按其组合形式可分为单喂饲槽和群喂饲槽。对饲槽的要求是：饲料浪费少，保证饲料清洁，不易被猪弄脏，便于加料、清洗和猪采食，结构简单、坚固耐用。下面介绍几种常用饲槽。

视频：双面干湿自由采食槽

（1）母猪用限量单体饲槽

限量单体饲槽（图 3-1-11），常和计量桶配合使用。便于猪的采食和防止饲料损失，针对个别猪只方便加减料。

（2）仔猪用限量饲槽（图 3-1-12）

能为 5 头仔猪提供采食，方便加料、清洗和消毒，取用方便，仔猪用限量饲槽通常是人工撒料，便于控制料量。

图 3-1-11　母猪用限量单体饲槽

图 3-1-12　仔猪用限量饲槽

（3）长方形自由采食槽

按采食面划分，长方形自由采食槽（图 3-1-13），分为单面和双面两种，前者供一个猪栏的猪使用，后者供两个猪栏共同使用。包括料斗和设置在料斗底部的供猪进食的料槽。饲槽间壁用圆钢焊成，可防止猪采食时将饲料向两侧拱出。饲槽的前边向里卷窝，既能加强饲槽的强度，又能防止饲料的浪费。

（4）圆形自由采食槽

圆形自由采食槽（图 3-1-14），主要由饲料盘、储料筒、调节装置及间隔环等组成。储料筒中的饲料靠重力从料筒底缘和饲料盘底之间的出料间隙中流落入饲料盘中供猪食用。储料筒可上下移动和转动，以便控制和促进饲料下落。转动调整手柄可使储料筒上下移动，从而改变出料间隙，使下落入饲料盘中的饲料量改变。圆形自由采食槽的圆筒一般用不锈钢制造，而底板则用铸铁或钢筋水泥制造。

图 3-1-13　长方形多孔自由采食槽

图 3-1-14　圆形自由采食槽

（5）通体料槽

通体料槽（图 3-1-15）为单体限位栏里饲养妊娠母猪用，水料一体。优点为便宜省钱，饲喂方便，干净。缺点为水料一体，猪只吃料不均匀，剩料多。

图 3-1-15　通体料槽

查一查：利用课余时间，查阅猪饲槽演变的历程。

 技能训练

现场识别（编号或拍照），完成《实践技能训练手册》中不同饲槽特点及优缺点技能训练单8。

【思政小贴士】

科学家"养猪倌"——印遇龙

印遇龙，湖南省常德市人，中国工程院院士，第十四届全国人大代表。

印遇龙始终琢磨一件事——如何养好一头猪。他认为中国本土猪种质资源保护及进一步选育是当代人的重要使命，"我们要把老祖宗留下的猪种保存下来并充分开发利用，这是历史使命。"

印遇龙长期从事"生猪生态养殖营养调控"的研究，围绕国家生猪生态养殖、绿色发展等重大需求，聚集高品质、低残留、低排放的生猪生态养殖技术体系，开展长期、系统的理论研究、技术创新、产品创制和转化应用。其团队率先对中国40多种单一猪饲料原料和18种混合日粮中回肠末端表观消化率进行了系统测定，并在此基础上制定了生长猪有效氨基酸的需要量，从分子水平上揭示了功能性氨基酸促进仔猪生长的机制，并和企业联合研制了具有抗生素和激素功能的药用植物营养调控剂，有效降低了抗生素的临床用量。

印遇龙表示，未来，他将继续奋战在科研一线，围绕国家生猪生态养殖、绿色发展等重大需求开展研究；从全产业链着手，促进现代生态养殖模式的建立，解决更多国际猪营养学和饲料科学研究与应用中的技术难题；帮助更多养殖企业、农民、农村，共同书写"乡村振兴"这篇大文章。

项目二　饲喂设备的安装与维护

【情境导入】

畜牧兽医专业的小刘同学利用暑假到某猪场实习。这个猪场正在进行猪舍改造。师傅给小刘布置了一个作业。

师傅说，饲喂系统是现代化猪场建设的重要环节，猪场料线看起来简单，却有多种连接方案。料槽也有传统水泥、塑料和新型不锈钢等多种类型。根据猪场的建设需求，应该选择什么样的料槽，怎样进行连接比较合理呢？

学习目标

1. 知识目标
- 理解饲喂系统的工作原理和操作规范；
- 掌握饲喂系统的日常维护和保养方法。

2. 能力目标
- 能够根据猪场的建设需求，结合饲槽料线结构特点，选择合适的料槽类型和尺寸，能够简单组装给料设备；
- 能够按照设备安装程序正确地安装，并能够快速更换给料设备的部件；
- 能够结合供料过程，分析设备故障原因并能进行简单的维修；
- 能够制定饲喂系统的维护计划，并按照计划进行维护和保养。

3. 素质目标
- 培养团队协作精神，能够与其他技术人员有效沟通，共同解决问题；
- 培养严谨的工作态度，能够严格执行操作规程，确保安全、高效地进行饲喂系统维护工作；
- 培养自我学习能力，能够不断更新知识和技能，适应现代养殖业的发展需求。

 知识储备

自动化料线的使用提高了猪场效益的同时，还能降低人工劳动力投入。长期使用自动化料线也会出现一些常见的故障问题，养殖户只有提前掌握常规的维护方法，才能降低给猪群饲喂带来的影响。在对料线进行维护与保养时要先了解料线的工作原理。

一、猪场自动化料线工作原理

在三相交流电动机的带动下，绞龙将饲料从料塔传送到猪舍。料线管道从猪只采食的食槽上面经过，在每一个食槽位置，留有一个下料口。饲料在绞龙的带动下，自动地流入食槽中。

猪场自动化料线供料设备主要包含：料塔、动力箱、控制箱、管道、链条等。

自动化料线可以自动将料罐中的饲料输送到猪只采食料槽中，输料是按照时间控制的，自动化料线可以每天设置多个时间段供料，到设定开启时间电动机自动接通电源，带动刮板链条，开始输料。

二、自动上料系统的安装

1. 安装

自动上料系统由专人负责维护和操作，猪场其他人员不可随意操控，避免发生意外，料线一定架设牢靠并且设在人和牲畜不容易触及的地方。

① 首先将料塔中体的上节组合成 1 个圆形，将上锥体 8 片或 9 片顺上节外沿，依次组合成 1 个圆锥体，安装上锥体第 1 片的时候，上锥体中间对准中体上节的接口处，然后将圆锥体放倒，方便进行下一步安装操作，如图 3-2-1 所示。

图 3-2-1　料塔安装

② 将进料口安装在上圆锥体外面，然后安装中体中节，中节安装在上节里面，将中节 1 片的中间 1 个螺栓孔，对准上节的 2 片之间的接口，依次将中节安装完毕，下节安装在中节里面，将下节 1 片的中间 1 个螺栓孔对准中节的第 2 片之间的接口处，依次安装完毕。

③ 将第 8 片下锥体安装在中体下节里面，安装到后 1 片的时候，先将下料口安装在下锥里面，将出料口组装在下锥体里面，将料塔支撑，6 只腿按照螺栓孔距平均等分，螺栓紧固。

④ 一般拉撑的安装方法是先将 2 根斜撑安装成 X 形，将 X 形斜撑的上头安装在支撑腿的螺栓孔上，将平行撑的一端安装在腿的第 16 只孔上，另一端安装在出料口上，使 6 只支撑更加牢固。

⑤ 安装支撑下端配件，打膨胀螺栓固定在地面，将爬梯下节安装在其中 1 条腿上，用 8 个 8×50 的螺栓紧固在腿上，将梯子窄头向上，安装在进料口，将宽头向下安装在爬梯上头，用连接小件将其连接。

⑥ 扶手的安装方法是将 45°角向上，安装在梯子上节第 2 颗螺栓，100°角向下安装在上下梯子之间，将连接小件，用两颗 8×50 的螺栓与上盖连接，螺栓孔处，需要使用密封胶密封。

2. 验收

按如下标准进行验收。

① 检查塔体连接缝隙是否有防水双面胶外漏、内漏现象；是否存在断断续续粘贴现象。有其中一项则为不合格。

② 检查塔体表面螺栓固定部分是否按照标准组装，塔体外部是否佩戴防水垫圈；塔腿和塔壁中间是否佩戴防水垫圈。有其中一项则为不合格。

③ 检查观察窗是否安装在外壁，是否佩戴橡胶垫片，无装和乱装为不合格。

④ 检查安全护栏整体固定部分，丝帽内装，漏装，有松动，为不合格。

⑤ 试拉开启装置，查看上盖开启与关闭状态下是否顺畅。查看滑轮是否灵活。上盖关闭是否密封严实，有无缝隙。开关不顺畅，缝隙过大为不合格。

⑥ 检验螺栓是否固定紧闭，有无松动。

三、使用过程中的注意事项

① 在使用料塔过程中，请勿放置任何物品，以免由于过大的压力而烧毁机器。

② 这种设备通过传动带传送物料，因此有必要检查传动带是否完好无损。

图 3-2-2　电机上的箭头

③ 在首次使用绞龙料线时，一定要注意绞龙的旋转方向必须和电机上的箭头一致（图 3-2-2），否则损坏绞龙及电机。

④ 在绞龙使用过程中尽量避免无料长时间运转，这样会加速料管的磨损，影响料线的使用寿命。

⑤ 料塔的动力主要靠电机，其运转速度是很快的，所以在使用的时候要适当地减缓速度，在平时应用的过程中一定要记得检查电机是否有异常现象，以便及时采取措施。

⑥ 养猪料线全自动送料系统软件由专职人员承担维护保养、实际操作，养猪场其他工作人员不可随便操纵，以防出现意外。

⑦ 送料电动机和链条输送电动机全是380V驱动力开关电源，主动力线得用$4mm^2$电缆铜线，除此之外驱动力线须要搭建牢固，人与畜不容易碰触到。

⑧ 养猪料线料仓较高，一般放置在户外，在安装好机器设备后，应当搭建一个棚，以防降水淋到控制柜。

⑨ 养猪料线链条输送机管路的连接处，用胶密封，防止降水注入链条输送机管路，防止环境污染饲料。

⑩ 养猪料桶使用结束后，用木工板遮住，防止落叶、包装袋、灰土飘入料桶。

⑪ 在应用养猪料线时查验控制器信号线，防止被老鼠咬断，或是固定不牢固而掉下来，被猪咬断。

四、维修与保养制度

1. 计划预防修理制度

根据设备的一般磨损规律和技术状态，按预定修理周期及其结构，对设备进行维护、检查和修理，以保障设备处于良好的技术状态的一种设备维修制度。其主要内容包括：日常维护、定期检查、计划修理（小修、中修、大修）。

2. 保养修理制度

保养修理制度是由一定类别的保养和一定类别的修理所组成的设备维修制度。其特点是：打破了操作工人和维修工人间分工的界限，由操作工人承担设备的保养（如金属切削机床中的一级保养），把操作工人参加设备的管理具体化、制度化。同时，进一步贯彻了预防为主的方针。

3. 预防维修制度

预防维修制度是以设备故障理论和规律为基础，将预防维修和生产维修相结合的综合维修制度。预防维修是从预防医学的观点出发，对设备的异常进行早期发现和早期诊断。生产维修制是提高设备生产效能的保障。预防维修制可减少故障出现频次，缩短修理时间。设备预防维修方式主要有日常维修、事后维修、预防维修、生产维修、改善维修、维修预防、预知维修。

五、故障排除

1. 电机故障

当电机出现故障停止工作时，要先检查电机是否被烧，将电机的电源线从控制箱卸下来接入到总电源，看电机是否正常；检查电机，有无漏油等异常，如有异常及时处理，定期对驱动电机风扇罩（图3-2-3）进行除尘，确保风扇处无影响散热的遮挡。

2. 塞盘链条断裂

塞盘链条断裂（图3-2-4）会让主机的回料增多，这时候要卸开转角清除饲料，然后找到链条断裂处，安装新链扣，进行电动运转。

图 3-2-3　电机风扇罩

图 3-2-4　塞盘链条

3. 绞龙故障

电机运转正常，绞龙转不动（图 3-2-5），这种情况下应该检查是不是旋转的方向错误，料线绞龙是单方面旋转的。绞龙出现故障时一定不要反转，反转容易出现绞龙被拧断或者绞龙在料线管内被顶出，带来更多维修不便；料线绞龙排料不畅。这种情况下一是检查电机是不是电压不够，二是让绞龙空转一会，看看料管里是不是有陈料没有排出。

图 3-2-5　绞龙被异物卡住转不动

设备保养管理规定

运输声音大，有嗡嗡声。这种情况需要检查下电机，可能是电机的电压不够，有时候电压过低就会出现这种情况。解决方法：如果是电压的问题，更换其他型号的电机或者电力传输器。

这是使用自动化料线的常见问题，温馨提示：养殖户要定期做检查，并及时进行保养，预防或者降低出现故障的概率，正确合理使用才能让料线的使用寿命更长。

 技能训练

完成《实践技能训练手册》中技能训练单 9、10。

 练一练

（一）判断题

1. 仔猪饮水量低，采食量不足，生产性能下降，死淘率升高。（　　）
2. 绞龙故障通常是由电机电压不够造成的。（　　）
3. 预防维修制度是以设备故障理论和规律为基础的（　　）。
4. 料塔是自动化养猪设备中猪场自动化料线里用于运输饲料的主要配件。（　　）
5. 在使用料塔过程中，请勿在其上放置任何物品，以免由于过大的压力而烧毁机器。（　　）

（二）填空题

1. 输料管线是由（　　）、（　　）或者塞片及转角组成。
2. 仔猪开食槽，包括（　　）和设置在料斗底部的供仔猪进食的料槽。
3. 一个完整的猪场供料系统包括（　　）、（　　）、（　　）、（　　）及饲槽等组成。
4. 饲槽的种类很多，按其喂料方式不同可分为（　　）饲槽和（　　）饲槽，按其形状不同可分为（　　）饲槽和（　　）饲槽，按其组合形式可分为（　　）饲槽和（　　）饲槽。
5. 猪场自动化料线供料设备主要包含：（　　）、（　　）、（　　）、（　　）、链条等。

（三）简答题

1. 简述安装好的料塔应按什么标准进行验收。
2. 料塔为养殖户提供了巨大的便利，规模化养殖场使用饲料塔的优点有哪些？

模块四 供水设备

猪体内营养物质的消化吸收、废弃物的排泄、血液循环、呼吸以及体温的调节等一切生命、生理活动都离不开水的参与。因此，猪场的水源应满足水量充足、水质良好、便于防护、取用方便四个原则。

猪场的用水量相对较大，水源一般来源于地下水，也有部分采用地表水。地下水供水系统的模式大部分采用自建机井将水提至水塔，再经管道通向各栋猪舍形成主水管。设计安装好主水管系统后，水管一般安置在地下，这样受保护程度较好，在较长时间内无需管理者费心。

项目一 饮水器识别

【情境导入】

规模化现代猪场所用饮水器和家庭中小型猪场有所不同，各个饮水器的结构特点及优缺点怎么样，为什么规模化现代猪场选择的饮水器与中小型的不同？

 学习目标

1. 知识目标
- 了解不同类型饮水器的结构特点及优缺点；
- 掌握供水系统设计的基本原则和步骤。
2. 能力目标
- 能够根据猪场的实际情况，设计合理的供水系统方案。
3. 素质目标
- 具备科学的态度，提高团队协作能力；
- 具备根据实际情况解决问题的能力。

 知识储备

饮水设备主要作用是供猪只饮用水和清洗，常用的主要有自来水输水管道、闸阀和自动饮水器等。猪饮水器由饮水体、球杆、胶皮垫圈、弹簧及滤水网组成。猪饮水时，猪嘴顶推阀杆，使之向上顶起弹簧，水由球杆和饮水体之间的缝隙流出，供猪饮用。这样不仅有效节约用水，还减少了人工给水，是现在猪场常用的饮水设备。

视频：不同类别饮水器

一、自动饮水器类型

养猪常用的自动饮水器有杯式饮水器、乳头式饮水器和鸭嘴式饮水器3种。

1. 杯式饮水器

它由阀座、阀杆、杯盆、触板、支架等组成,如图4-1-1所示。其优点是工作可靠、耐用、出水稳定、出水量足,密封性能好,不射流、杯盆浅,饮水不会溅洒,容易保持猪舍干燥。缺点是结构复杂、造价高,需定时清洗,适用于仔猪和育肥猪饮水。杯式饮水器有弹簧阀门式和重力密封式两种。9SZB型杯式饮水器的杯容量有330mL和350mL两种规格。要求工作水压为70～400kPa,水的流量为2000～3000mL/min,每个饮水器可供10～15头猪饮水。

图 4-1-1 杯式饮水器

图 4-1-2 乳头式饮水器

图 4-1-3 鸭嘴式饮水器

2. 乳头式饮水器

猪用乳头式饮水器由阀体、阀杆和钢球组成(图4-1-2)。阀体根部有螺纹,可安装在水管上。钢球和阀杆靠自重和管内水压,与阀体形成两道密封环带而不漏水。其优点是结构简单,对泥沙等杂质有较强的通过能力,缺点是密封性较差,并要减压;当水压过高、水流过急时会使猪饮水不适,水耗增加,易弄湿猪栏舍。适用于育肥猪、妊娠猪和生长育成猪。

乳头式饮水器可使用较高的水压,但主管水压适于在14.7～20kPa之间,若水压过大,猪只饮水会被呛着。每个饮水器的流量为2000～3500m/min,可供10～15头猪饮水。在高压给水系统中应在舍内设置减压水箱或在管路上安装减压阀,以控制水压在适宜范围内。密封性好,出水量大,不刮伤猪嘴,猪能较大限度补充水量,提高出栏率,是很多猪场的选择。比较适合用于生长期和育肥期,但就是密封性差一点,水流出急,很容易出现流水飞溅的情况,所以也比较浪费水。在使用乳头式饮水器时,一般建议降低水压,安装的时候建议饮水器与地面成45°～75°倾角。

滚珠防喷溅式饮水器有独特的滚珠设计,具有防喷溅功能,防止母猪喝水溅到仔猪的身上,防止仔猪生病拉肚子。适合大猪及成年猪使用。如果水中杂质较多的话,建议选用红帽滤网,可以过滤水中的杂质,预防猪生病。

3. 鸭嘴式饮水器

鸭嘴式饮水器(图4-1-3)由阀体、鸭嘴、阀杆、胶垫、弹簧、卡簧、滤网等组成。阀体为圆柱形,末端有螺纹,拧装在水管上。阀杆大端有密封胶垫,弹簧将它紧压在阀体上,将出水孔封闭而不漏水。其优点是:水流出缓慢,供水充足,符合猪的饮水要求,工作可靠,不漏水,不浪费水,鸭嘴式饮水器可供仔猪、育成猪、育肥猪、种猪等使用。目前,在各类养猪场应用很广。鸭嘴式饮水器的材质有铸铜和不锈钢两种,内部的弹簧用不锈钢丝制成。鸭嘴式饮水器的出水孔径有2.5mm和3.5mm两种规格,每分钟的水流量分别为

2000～3000mL 和 3000～4000mL。每个鸭嘴式饮水器可供 10～15 头猪饮水。要求主水管的水压低于 400kPa。

开关与水嘴一体，内用不锈钢阀杆与密封胶圈结合封水，胶圈韧性强、密封性好。要水时立即出水，不要水时立即封严，不漏水、不渗水，方便卫生。比较适合保育期的仔猪使用，但鸭嘴式饮水器比较突出，不能安装在猪舍的角落里，因为猪只往往会在角落里拉屎撒尿，这样会容易导致猪被划伤身体。

二、自动饮水器的工作过程

1. 杯式饮水器的工作过程

猪饮水时，用嘴拱动压板，使阀杆偏斜，阀杆上的密封圈偏离阀体上的出水孔，水则流至杯盆中，供猪饮用。当猪离开后，阀杆靠水压和弹簧复位，水便停止流出。重力密封杯式饮水器阀座外圆有螺纹，安装在水管的端部。阀杆插入阀座，其上有密封圈。阀杆靠水管中的水压以及自身重量而紧贴阀座，管中的水不能从阀座的孔中流出。当猪饮水触动压板，使阀杆偏斜，水则沿阀杆和阀座间的缝隙从孔中流入杯盆，供猪饮用。

2. 乳头式饮水器的工作过程

猪饮水时，用嘴触动阀杆，阀杆向上移动并顶起钢球，水则通过钢球与阀体之间、阀杆与阀体之间的间隙流出，供猪只饮用。为避免杂质进入饮水器中，造成钢球、阀杆与阀体密封不严，在饮水器阀体根部设有塑料滤网，保证饮水器工作可靠。同时在乳头式饮水器下外加一接水盆，猪可以喝水盆里的水，没水时触动饮水器喝水，减少水的浪费。

3. 鸭嘴式饮水器的工作过程

猪饮水时，将鸭嘴式饮水器含入嘴内，挤压阀杆使之倾斜，阀杆端部的密封胶垫偏离阀体的出水孔，水则经滤网从出水孔流出，沿鸭嘴流入猪的口腔。猪不咬动阀杆时弹簧使阀杆恢复正常位置，密封垫又将出水孔堵死，停止供水。

技能训练

到实验室或实训基地现场识别（列编号或拍照）完成《实践技能训练手册》中不同饮水器适用范围及优缺点技能训练单 11。

项目二　供水设备的安装与维护

【情境导入】

常用饮水器分鸭嘴式、乳头式、杯式、嵌珠式等，大多养殖户感觉猪场只要有饮水处就行了，为什么要那么多呢？不少养猪朋友并未深入了解各类饮水器的特性，而只单纯使用一种，效果当然欠佳。部分养猪户感觉饮水器安装在排便处易于排水，方便打扫，但却忽视了猪在饮水时，聚群占据排便位置，争抢饮水位置。正确地安装位置应距料槽 1.2～1.5m 处。同一栏舍内的两个饮水器相距不能过远，否则将造成其中一个饮水器长期停用。

> 给水系统维护时一定要关注饮水器的水压，经常检查水嘴，防止鸭嘴饮水器被杂质影响，如果按压饮水器，能保证喷出一条水线，则为正常，如果不能充分出水，则会直接影响猪的饮水。猪喝不到足量的水，就会影响猪的健康，例如影响母猪的泌乳，进而导致仔猪拉稀等。因此，维护给水系统时一定要关注水压。

学习目标

1. 知识目标
- 掌握给水系统的基本组成和原理，能够阐述饮水器的构造与特点。
2. 能力目标
- 能够正确地选择和安装饮水器，并组装给水系统；
- 了解给水系统的维护和保养方法，能够及时发现和解决给水系统出现的问题。
3. 素质目标
- 培养安全意识和责任意识，提高解决实际问题的能力；
- 培养团队合作和沟通协调能力；
- 认识到健康养殖的重要性，树立良好的环保意识与职业道德。

知识储备

一个完整的养猪场供水系统包括取水设备、贮水塔、水管网及饮水设备等（图4-2-1）。

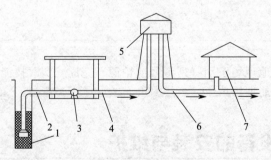

图 4-2-1　养猪场供水系统
1—水源；2—吸水管；3—抽水站；4—扬水管；5—贮水塔；6—配水管；7—猪舍

一、确定供水方式

猪舍的供水方式有定时给水和经常给水两种。

1. 定时给水

一般多在喂饲前后在饲槽中放水，饲槽兼用作水槽，一物两用，其缺点是不便实现给水自动化，猪不能按照自身的生理需要饮到所需的水量，耗水量大，通槽饮水还容易传染疾病。

2. 经常给水

经常给水通常是安装单个的自动饮水器来不间断地供水，使猪在任何时候想饮水时都能够及时有水。经常给水能满足各种猪饮水量的需求，并且有利于饲养管理和防疫卫生，因而是一种合理的给水方式。

二、取水设备安装

主要是水泵、电机和进水管道等。水泵和电机主要由电工安装完成，进水管按照设计好的路线铺设焊接完成。

三、贮水塔安装

又称高位贮水箱，是供水系统中的贮水设备，其作用是：①储备一定水量来平衡水泵供水量和配水管网需水量之间的差额。②储备一定量的水以供消防和其他用水。③在配水管网内形成足够的水压，使水有一定的流速流向各用水点。

在贮水箱上连接有扬水管、配水管、溢水管和放水管。扬水管是将水泵从水源抽取来的水引入水箱中。配水管把水从水箱沿配水管网送至各用水点，为了保证供水的清洁，避免水箱底部的沉淀物进入配水管网，配水管进水口应高于水箱底100～150mm。溢水管的作用是在水箱装水过满时排出多余的水，放水管则是为了在检修或清洗时放水之用。

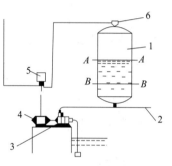

图 4-2-2 压力罐
1—气水罐；2—供水、配水管路；
3—水泵；4—电动机；
5—磁力启动器；6—压力继电器；
A—A 上限水位；B—B 下限水位

在中、小型养猪场也可用压力罐来替代贮水塔。压力罐由气水罐、压力继电器、供水管、配水管路等组成。压力罐工作时，向各用水点供水的同时将多余的水输送至气水罐。气水罐内因水位不断上升而使气压升高，水位达到上限水位时，压力继电器切断电动机电源，水泵停止工作。此时气水罐内的水在罐内气压的作用下继续流向供水点，水位降低，气压也随着水位的下降而降低，当水位下降到下限水位时，压力继电器将电动机电源重新接通，水泵又开始工作。压力罐的优点是投资少，比高位贮水箱可减少投资50%～85%。但需要可靠的电力供应保证。

在用压力罐供水时要有过滤装置滤去水中的泥沙等杂质，以保证猪的饮水卫生和防止泥沙堵塞饮水器，如图 4-2-2 所示。

四、水管网安装

水管网主要包括扬水管、配水管、溢水管、放水管和阀等。扬水管将水泵从水源押送来的水引入水箱中。配水管把水从水箱沿配水管网送至各用水点，为了保证供水的清洁，避免水箱底部的沉淀物进入配水管网，配水管进水口应高于水箱底100～150mm。溢水管的作用是在水箱装水过满时排出多余的水，放水管则是为了在检修或清洗时放水之用。

猪舍供水管路由调压阀、过滤器、水表、加药器和自动饮水器等组成，如图 4-2-3 所示。

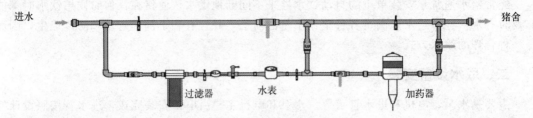

图 4-2-3　猪舍供水管路

五、自动饮水器安装

1. 自动饮水设备作业准备

① 检查饮水器的规格和安装高度。
② 清洁饮水设备。
③ 检查饮水器的技术状态。
④ 检查供水管水压、水质和管道的密封性能。
⑤ 检查阀门等控制装置的灵敏度和可靠性。

2. 自动饮水器检查安装

① 鸭嘴式饮水器要根据猪的大小先选出水孔径是 2.5mm 还是 3.5mm 两种规格。安装时其轴线与地面水平，向下倾角为 10°～20°。在粪沟的一侧安装饮水器，高度由猪的类型来定，一般为猪的肩高加 50mm。育成猪为 350～450mm，育肥猪为 500～600mm，妊娠母猪为 550～650mm。为保证猪的饮水冬暖夏凉、舒服又爽口，建议主水管路在猪舍地下布置。

② 乳头式饮水器安装时，一般应使其与地面成 45°～75°倾角。离地高度：仔猪为 250～300mm，生长猪（3～6月龄）为 500～600mm，成年猪为 750～850mm。

③ 杯式饮水器安装在猪栏内，杯底距地面 100～200mm 的地方，这样可以有效地减少水的浪费。

3. 技术状态检查

① 检查供水管水压和水质是否符合要求。
② 检查饮水器的技术状态是否良好，工作是否可靠。
③ 检查饮水器的安装高度是否和猪的高度匹配。
④ 检查供水管道是否密封、不漏水。
⑤ 检查供水管各种阀门等控制装置是否灵敏和可靠。

六、自动饮水器的作业

① 饮水设备技术状态检查合格后打开阀门。
② 清洁饮水器。
③ 观察猪只饮水情况。如发现饮水器不出水，应及时查明原因，检修阀杆、橡胶垫、不锈钢弹簧等零件，排除故障。若饮水器破损，应换新件。
④ 发现管道有泄漏或饮水器不出水应立即关闭阀门，并排除故障。
⑤ 饮水结束或不用水时，关闭阀门。
⑥ 每天饮水结束，清洗饮水器后用食用油进行擦拭保养一次。

七、饮水设备常见故障诊断与排除

饮水设备常见故障诊断与排除方法见表 4-2-1。

表 4-2-1　饮水设备常见故障诊断与排除

故障名称	故障现象	故障原因	排除方法
无水	不来水	1. 水压太低 2. 阀门未打开 3. 水管或饮水器堵塞 4. 饮水器损坏 5. 过滤网堵塞	1. 提高水压 2. 打开阀门 3. 清除堵塞,增加过滤 4. 更换饮水器 5. 清洁过滤网
漏水	管路漏水	1. 密封件坏了 2. 管路老化 3. 接头松动或老化 4. 开关或阀芯磨损 5. 冬天冻裂 6. 阀门或开关未拧紧 7. 阀芯等密封件有杂物堵塞	1. 更换密封件 2. 更换管路 3. 加强接头部密封或更换连接件 4. 修复或更换 5. 更换冻裂管,加强防冻措施 6. 拧紧阀门或开关 7. 清除堵塞物

八、饮水设备的技术维护

① 检查饮水器是否安装牢固、供水功能是否合格。

② 定期采用高压水枪冲洗,清除饮水器沉淀污染、吸附污染和生物污染,保持饮水器的清洁卫生。冲洗方法是:在每根饮水管连接减压水箱的地方安装一个三通,一个开口接饮水管;两个开口各接一个闸阀开关。一个闸阀开关与减压水箱连接(饮水用),另一个闸阀开关与冲洗水管连接(冲洗用);冲洗时打开冲洗闸阀,关闭饮水闸阀;饮水时关闭冲水闸阀,打开饮水闸阀,这种冲洗法简便易行。

③ 定期检查饮水器的工作性能是否良好,调节和紧固螺栓,发现故障及时更换零件。

④ 每天饮水结束,对饮水器进行清洗,并用食用油进行擦拭保养一次,使其保持良好工作状况。

> **【资料卡】 水线的清洁与维护**
>
> ① 清洁水线用过氧化氢,去垢使用柠檬酸。如果是批次生产的猪场,建议每两个月做一次水线的清洁,确保猪只不会因为水线生物膜的问题导致仔猪下痢。
>
> ② 猪场平时做饮水加药时,一定要选择水溶性好的产品,千万不能贪便宜购买水溶性不佳的阿莫西林、氟苯尼考等预混剂。使用水溶性不好的药品对整个水路有时就是一场灾难,从支线管路到软管都会有絮状物存在,且饮水器会严重堵塞,从而造成猪无水可饮的窘境。
>
> ③ 管理良好的猪场应该每幢舍或每个车间安装水压计及水表,每天有每个车间水的使用量记录,从而判断猪群的饮水量是否正常。如果出现异常,一定要及时查找出原因,避免猪场出现大的损失。

【资料卡】 不同饲养阶段的猪只饮水器的高度及流水量

不同阶段猪用饮水器高度

猪群类别	安装高度			
	鸭嘴式/cm	碗式/cm	流量/(L/min)	耗水量/L
公猪	55～65	25～30	2	15～20
母猪	55～65	15～25	2.5	15～20
后备母猪	50～60	15～25	2	15～20
仔猪	15～25	10～15	1	1～1.5
保育猪	30～40	15～20	1.5	2.5～4.0
生长猪	45～50	15～25	2	4～6
育肥猪	55～60	15～25	2	6～8

注：饮水器的安装高度一般高于肩关节 5cm（除碗式），断奶仔猪、生长育肥猪可以安装一高一低 2 个饮水器，或装可调节高度的饮水器，便于不同大小的猪都能饮到水。在大栏饲养的猪群中，每 8～10 头猪需要配置一个饮水器，当猪群数量大于 10 头，每栏安装 2 个饮水器，且高低搭配，有利于猪群饮水。

乳头饮水器安装高度

猪群类别	体重/kg	乳头式饮水器安装高度/mm	
		90°	45°
哺乳仔猪	1～6	100	150
仔猪	6～29	200～500	250～550
育肥猪	30～50	400～600	450～600
育肥猪	50～80	550～650	650～700
育肥猪	80～120	550～650	650～700
后备母猪		600	700
怀孕、分娩猪		700	800
公猪		800	900

▶【资料卡】 给水系统选用注意事项

一是要合理选择不同类型的饮水器、注意饮水器的数量、位置、大小、间距。使用过程中，要注意水流量、堵塞和缺损程度及安装高度。二是猪的饮水系统要注意猪群的密度，不同类型猪的日饮水行为、习惯，不同类型猪的日耗水量、气温、水温；猪的不同状态、猪的采食（干粉/湿料、自由采食/分餐采食）。三是要注意猪舍主供水管的口径、材质、堵塞情况；水质、水塔或水池的设计；出水管径、主供水管内压力、供水系统水压力设计、有无多套供水设施（加药系统）等。

【资料卡】 猪的饮水量及流量需求推荐值

猪的饮水量及流量需求推荐值

猪类型	体重/kg	需水量/[L/(头/d)]	流速/(L/min)
哺乳仔猪	1～6	0.7	0.3～0.4
断奶小猪	6～30	2.5	0.4～0.6
育成猪	30～120	10	1～1.5
公猪	200～300	15	1.5～1.8
空怀怀孕母猪	100～250	15	1.5～1.8
哺乳母猪	100～250	30	2.0

【资料卡】 猪场的水管路（水压、水质、水温）

生猪饲养过程中应特别关注饲养场的水压、水质和水温，只有适宜的水压、水质和水温才能保证生猪的健康生长。水压和水温的不当，易引起猪只的饮水量不足，从而影响生猪的生长发育和母猪的泌乳量，严重的缺水甚至可导致猪群疾病的发生。水质差易引起猪只感染疾病。所以，养猪生产中必须注意猪场的水压、水质和水温。

① 控制好猪舍内饮水嘴的水压。保持饮水嘴适宜的水压是保证猪只足够饮水量的基础。首先是水压太高易呛水，猪只不敢久喝，导致饮水量不足，容易造成水的浪费；水压太低也可引起猪只饮水不足，特别是小猪。水塔或水箱的高低、饮水器的高低都可影响水压。其次是饮水器高低不合理，很多猪舍饮水器只有一个高度，养殖户以为这样大猪低头也能喝到，小猪仰脖也能喝到。喝水困难也会导致饮水不足和采食下降或减少。

② 水质。水的品质直接影响动物的饮水量、饲料消耗、健康和生产水平。水质的好坏单以肉眼观察是很难辨别的。如重金属超标、水中农药残留和细菌、病毒等致病微生物等都是用肉眼无法看到的。只有等猪只喝了生病后才能知道。水中的铁会有利于能够产生具有特殊味道的细菌的生长，而容易堵塞水管。所以应该经常检测水质。夏季水中容易滋生致病微生物，应该经常性定期地清理水塔、水箱，并在水中添加能够饮用的、适当浓度的消毒液进行水体消毒。

③ 水温。饮用水的温度要保持在10～15℃。温度过低时体内的消化酶不能发挥作用，饲料得不到消化而造成腹泻；水温过高时胃壁不易分泌胃液也影响消化吸收。在炎热的猪舍，当水温为11℃时，日饮水量为10.5L；当水温为30℃时。饮水量仅为6L。环境温度高会增加水的需要量，在母猪和育肥猪上表现得更加明显。温度以20℃为基准，每高出一度，母猪每天需增加0.2L的饮水，饮水量的增加导致尿中排出的水分的增加，这是降低体温的一种有效方式。环境温度从12～16℃到30～35℃水的消耗量增加50%。保证充足的饮水可以使仔猪24d断奶时每头增加体重1kg，母猪从断奶到再配种的时间缩短1d。因此适宜的水温是保障猪只能够饮水充分的重要条件之一。夏季水温太高会严重影响猪的饮水量。所以，从水塔引入猪舍的供水系统应该采取隔热、避热措施，不得让水管在夏日阳光下暴晒。否则，会导致水管中的水温升高，而影响猪只的饮水。

技能训练

选择各种饮水设备所需的配件并正确安装,完成《实践技能训练手册》中不同饮水器的组装技能训练单12。

按照提供的需要清洗的水线设备和饮水设备故障配件,清洗和找出故障原因并排除故障,安装完整,完成《实践技能训练工作手册》中猪场水线清洁与设备常见故障诊断与排除操作技能训练单13。

【思政小贴士】

中国老一辈畜牧专家——吕忠孝

1934年生。辽宁大连人。毕业于吉林工业大学农业机械设计制造专业。自1960年以来,长期从事畜牧机械和畜牧工程的教学与研究工作,曾作为访问学者在欧洲学习和工作。除了完成本科生和研究生的教学与指导外,全程参加了我国畜牧工程和设施畜牧场的建设工作;参与了多项畜牧机械(包括兽医器械)国家标准和法规的制定。曾主持并完成的农牧业工程项目有国家科委、农业部的星火计划项目"现代化养兔工程",世界银行的山东省畜牧业综合开发项目,中俄科技合作项目"威尔冻干食品工程",以及众多来自地方省市的畜牧和农产品加工工程等。发表论文和译文约60余篇,参加《中国农业百科全书——农业机械化卷》《农业机械设计手册》《机械工程手册》等书籍的编写。曾被国家教委、农业部和林业部联合授予"支农、扶贫和为农村生产服务中成绩突出"先进个人并资金奖励。

 练一练

(一)填空题

1. 猪饮水器由( ),( )、( )及( )组成。
2. 杯式饮水器由( )、( )、( )、( )、( )等组成。
3. 鸭嘴式饮水器两种规格分别是( )mm和( )mm。
4. 鸭嘴式饮水器安装时其轴线与地面( ),向下倾角为( )。
5. 鸭嘴式饮水器安装高度由( )来决定,一般为猪的肩高加( )mm。因此,育成猪为( )mm,育肥猪为( )mm,妊娠母猪为( )mm。
6. 猪舍的供水方式有两种,分别是( )和( )。
7. 猪场水线的清洁通常使用( ),去垢使用( )。
8. 猪场饮用水的温度最低应保持在( )℃。

(二)简答题

1. 比较说明鸭嘴式饮水器和乳头式饮水器的区别。
2. 简述供水系统的组成。

模块五　环境控制设备

　　猪舍的环境控制是养猪安全生产的重要内容,是养猪业可持续发展不可缺少的重要技术环节。

　　猪舍环境调控就是调整和控制影响猪生长、发育、繁殖、生产等的所有外界条件。猪舍空气环境因素,主要包括温度、湿度、气流、光照、有害气体、灰尘等,它们共同决定了猪舍(主要指封闭式和半封闭式猪舍)的小气候环境。猪生活在舍内,随时与这些因素发生相互影响,这些影响有时可以锻炼猪有机体对外界气候的适应性和抵抗力,但当其发生骤然变化超出了猪机体的调节能力时,反而会降低其抵抗力,特别是对弱小猪和幼猪危害重大,甚至造成死亡。因此,运用猪舍环境设备,是为猪的健康生长创造最优的环境条件,提高猪的生产性能所必需的。

项目一　环控设备的识别

【情境导入】

　　刘某建设的猪场框架基本竣工,你作为新入职的员工对刘某购进的琳琅满目的环控设备感觉有点懵,不知道都是什么设备,有什么用途?

 学习目标

1. 知识目标
- 了解各种环控设备的名称、用途及工作原理;
- 能够总结描述不同环控设备的优缺点。
2. 能力目标
- 结合环控设备的外形特点,能够识别不同种类的环控设备;
- 掌握各种环控设备的优缺点,并能根据实际情况进行选择和配置。
3. 素质目标
- 树立责任意识和安全意识;
- 适应猪场工作岗位,提高工作效率和猪场的管理水平,提高设备的使用效率并延长其使用寿命。

 知识储备

　　猪舍环境控制设备主要有通风设备、降温设备、加温设备、采光与照明设备和环境综合控制器等。

环境控制的目的是为猪创造适宜的生长环境,因此弄清猪生长对各种环境因子的要求,是实施环境控制的先决条件。不同类型猪舍在不同季节建议的通风量及猪舍的环境要求见表5-1-1 和表 5-1-2。

表 5-1-1 猪舍不同季节建议通风量

猪群类别	通风量/(m³/h·kg)			风速/(m/s)		猪群类别	通风量/(m³/h·kg)			风速/(m/s)	
	冬季	春秋季	夏季	冬季	夏季		冬季	春秋季	夏季	冬季	夏季
种公猪	0.45	0.60	0.70	0.20	1.00	哺乳仔猪	0.35	0.45	0.60	0.15	0.40
成年母猪	0.35	0.45	0.60	0.30	1.00	培育仔猪	0.35	0.45	0.60	0.20	0.60
哺乳母猪	0.35	0.45	0.60	0.15	0.40	育肥猪	0.35	0.45	0.65	0.30	1.00

注:表中风速指猪所在位置猪体高度的夏季适宜值和冬季最大值。在最热月份平均温度≤28℃的地区,猪舍夏季风速可酌情加大,但不宜超过2m/s,哺乳仔猪猪舍不得超过1m/s。

表 5-1-2 猪舍的环境要求

项目	指标
温度	育肥猪舍最佳温度为 15~25℃,下限温度为 10℃,上限温度为 29℃。分娩猪舍最佳温度为 18~22℃,上限和下限温度分别为 29℃和 15℃,并同时对自主活动区局部供热,局部供热温度为 29~32℃,分娩猪舍内如达到 29℃应采用母猪的局部降温。早期(3 周龄)断奶的仔猪舍温度应为 29℃左右。仔猪舍温度应为 22~26℃。配种猪舍温度应为 13~29℃
湿度	猪舍相对湿度应为 40%~70%
光照	光照对猪的增重和饲料转化率无影响
空气流动速度	猪舍空气流动速度不应超过 0.3m/s,成年猪舍在正常温度下空气流速也不应超过 0.4m/s,但在环境温度超过 27℃时,空气流速应提高到 0.5m/s
空气质量	猪舍内 CO_2 含量按容积率不超过 0.3%,NH_3 含量不超过 0.003%,H_2S 含量不超过 0.001%

一、通风方式

1. 自然通风

自然通风又称为重力通风或管道通风。自然通风是借助舍内外的温度差产生的"热压"或者"风压"(自然风力产生),使舍内外的空气通过开启的门、窗和天窗,专门建造的通风管道以及建筑结构的孔隙等进行空气流动的一种通风方式。自然通风由通风管道、风帽和空气进口和调节通风量

视频:环境控制盒(温度+通风)　　视频:三防网

的调节活门等组成,如图 5-1-1 所示。通风管道有正方形和圆形断面两种,正方形的每边宽度应不小于 600mm。圆形的直径不小于 500mm。空气进口有通孔及缝孔两种形式,如图 5-1-2 所示。通孔式空气进口设在窗间的墙上,在外面有挡风护罩,在里面有调节活门。活门的作用:一方面将进来的冷空气引向上方,使之和舍内温热空气混合,并且进行预热,避免猪只直接接触冷空气而患病;另一方面可以调节进入的空气量。每个通孔式进气口面积不大于 $400cm^2$。

自然通风有风压通风和热压通风两种方式。风压通风是当舍迎风面气压大于舍内气压时形成正压,气流通过开口流进舍内,而舍背风面气压小于舍内气压时形成负压,则舍内气流从背风面流出,周而复始形成风压通风。热压通风是当舍内空气被加热时,其密度小于舍外空气,因而变轻上升,从畜舍上部的开口流出,新鲜空气经进气口进入舍内以补充废气的排出。大多数情况下,自然通风是在"热压"和"风压"同时作用下进行的。其优点是不消耗动力,尤其是对于跨度较小(不超过 12m)的养殖舍,很容易满足通风要求,而且比较经

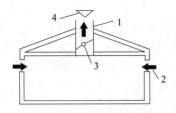

图 5-1-1　自然通风原理

1—排气管道；2—进气口；3—调节挡板；4—风帽

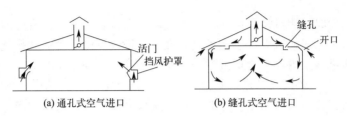

(a) 通孔式空气进口　　(b) 缝孔式空气进口

图 5-1-2　空气进口

济；缺点是除通风能力相对较弱和通风效果易受外界自然条件影响外，还需设置较大面积的通风窗口，冬季舍内的热量损失较大，夏季无风时流通效果较差。因此常用于开放式或半封闭式养殖舍。

2. 机械通风

机械通风又称强制通风，是依靠风机产生的风压强制空气流动，使舍内外空气交换的技术措施。猪场风向以夏季主导风向为准，一般选择纵向通风，湿帘在猪舍上风向、风机在下风向。机械通风特点是通风能力强，通风效果稳定；可

视频：进风风机　视频：进风口

以根据需要配用合适的风机型号、数量，调节控制方便；可对进入舍内空气进行加温、降温、除尘等处理，实现养殖环境智能控制通风。缺点是风机在运行中会产生噪声，对猪的生长产生影响，需要增加投资。该设备适用于设施农业中密闭式或者较大的有窗式棚舍。机械通风又可分为负压通风、正压通风、联合式通风和全气候式通风四种方式。

（1）负压通风

负压通风是用设置在排气口的排风机抽出畜禽舍内的污浊空气，造成舍内负压，形成舍内外的大气压力差，促使屋檐下长条形缝隙式进气口不断从外界吸入新鲜空气进入舍内。其特点是易于实现大风量的通风，换气效率高。依靠适当布置风机和进风口的位置，容易实现舍内气流的均匀布置。如果有降温要求时，需要和湿帘组成降温系统。此外，负压通风还具有设备简单、施工维护方便、投资费用较低等优点。因此，负压通风在猪舍中的应用最为广泛，当猪舍跨度在 12m 以下时，排风机可设在单侧墙上；跨度在 12m 以上时设在两侧墙上。其缺点是舍内在负压通风时，难以进行卫生隔离；冬季进入的冷风也有害畜禽健康；由于舍内外压差不大，也难对入舍的空气进行净化、加热或者降温处理。负压通风根据风机的安装位置与气流方向，分为上部排风、下部排风、横向通风、纵向通风四种方式。

（2）正压通风

正压通风是通过进气风机的运动，将畜禽舍外新鲜空气通过舍内上方管道口或孔口强制吸入舍内，使舍内压力增高，舍内污浊空气在此压力下通过出风口或者风管自然排走的换气方式。如有缝隙地板，此排气口一般都在地板以下的侧面。猪舍跨度为 9m 以下时只需一根

进气管道；当跨度为 9～18m 时需两根管道。其优点是可对进入猪舍的空气进行加热、冷却或者过滤净化等预处理，从而可有效地保证畜禽舍内的适宜温、湿状态和清洁的空气环境，尤其适合养殖小型畜禽使用，如鸡舍、兔舍等。另外正压通风在寒冷、炎热地区都可以使用。缺点是由于风机出口朝向舍内，不易实现大风量的通风，设备比较复杂，造价高，管理费用也大。同时舍内气流不易均匀分布，容易产生气流死角，降低换气效率。为了使舍内正压通风均匀，往往在风机出风口处设置风管（塑料、铁皮、帆布等），室外的新鲜空气通过风管上分布的小孔直接送到畜禽附近。极大改善了畜禽的空气环境。正压通风分为顶部送风和风管送风两种方式。

（3）联合式通风

联合式通风是同时采用机械送风和机械排气的通风方式。常见的有管道进气式和天花板进气式两种。管道进气式通风设备包括进气百叶窗、进气风机、管道和排气风机等。空气由进气风机通过管道进入室内，由管道上的许多小孔分布于畜禽舍，污浊空气由排风机排出，如图 5-1-3(a) 所示，冬季空气在进入管道之前可以进行加热。天花板进气式的通风是由山墙上的进气风机将空气压入天棚上方，然后由天花板上的进气孔进入舍内，污浊空气由排气风机抽走，如图 5-1-3(b) 所示，这种方式进气可以进行预先加热或降温。

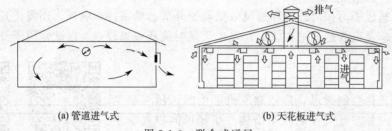

(a) 管道进气式　　　　　　(b) 天花板进气式

图 5-1-3　联合式通风

（4）全气候式通风

全气候式通风是由联合式通风和负压式通风组合而成的，通过有机地结合，能适合不同季节的需要。它由百叶窗式进气口、管道风机、管道、排风机组成（图 5-1-4），并和供热降温设备相配合。整个设备可调节至某一设定温度，进行智能化控制。

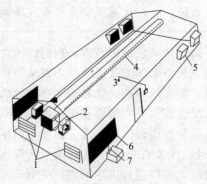

图 5-1-4　全气候式通风
1—百叶窗；2—加湿器；3—温度传感器；4—管道；5—排风机；6—湿帘；7—水泵

二、通风设备识别

猪舍常用的通风设备有电风扇、轴流式风机、离心式风机和各种进气、出气管道及操纵和调节装置等组成。

1. 电风扇

电风扇是用电动机的转子带动风叶旋转来推动空气流通的。常用的有吊挂式和壁窗式。

2. 轴流式风机

该风机所吸入空气和送出空气的流向和风机叶片轴的方向平行，故称之为轴流式风机。

轴流式风机由轮毂、叶片、轴、外壳、集风器、流线体、整流器、扩散器、电机及机座等部件组成，如图 5-1-5 所示，叶片直接装在电动机的转动轴上。

图 5-1-5　轴流式风机

轴流式风机的特点是风压小、风量大（通风阻力小，通常在 50Pa 以下，产生的风压较小，在 500Pa 以下，一般比离心式风机低，而输送的风量却比离心式风机大）；工作在低静压下，噪声较低、耗能少、效率较高；易安装和维护；风机叶轮可以逆转，当旋转方向改变时，输送气流的方向也随之改变，但风压、风量的大小不变。风机之间进气气流分布也较为均匀，与风机配套的百叶窗，可以进行机械传动开闭，既能送风，也能排气，特别适合设施农业室、舍的通风换气。

轴流式风机的流量和静压大小与叶片倾斜角度和叶轮转速有关。在实际应用中，一般采用改变转速的方法或采用多台风机投入运行来改变畜禽舍的通风量。

3. 离心式风机

离心式风机由蜗牛形机壳、叶轮、机轴、吸气口、排气口、轴承、底座等部件组成，如图 5-1-6 所示。

离心式风机的各部件中，叶轮是最关键性的部件，特别是叶轮上叶片的形式很多，可分为闪向式、径向式和后向式三种。机壳一般呈螺旋形，它的作用是吸进从叶轮中甩出的空气，并通过气流断面的渐扩作用，将空气的动压力转化为静压力。

离心式风机所产生的压力一般小于 15000Pa。压力小于 1000Pa 的称为低压风机，一般用于空气调节设备。压力小于 3000Pa 的称为中压风机，一般用于通风除尘设备。压力大于 3000Pa 的称为高压风机，一般用于气力输送设备。离心式风机不具有逆转性、压力较强，在畜禽舍通风换气中，主要在集中输送热风和冷风时使用。另外还用于需要对空气进行处理的正压通风设备和联合式通风设备。

三、湿帘识别

湿帘又称水帘或水幕，呈蜂窝结构，优质湿帘不含易使皮肤过敏的苯酚等化学物质，安

图 5-1-6 离心式风机
1—蜗牛形外壳；2—工作轮；3—机座；4—进风口；5—出风口

装使用时对人体无毒无害，绿色、安全、节能、环保、经济。

湿帘配合风机运用，达到通风换气降温的效果，常用于畜牧业、园艺业、工业降温等，称为水帘负压风机或湿帘负压风机。

1. 湿帘的组成

湿帘是水分蒸发的关键设备，由原纸加工生产而成。其生产流程大概为上浆、烘干、压制瓦楞、定型、上胶、固化、切片、修磨、去味等。制造湿帘的材料一般为木刨花、棕丝、塑料、棉麻、纤维纸等，目前最常用的是波纹纸。在国内，通常有波高 5mm、7mm 和 9mm 三种，波纹为 60°×30°交错对置、45°×45°交错对置。优质湿帘采用新一代高分子材料与空间交联技术而成，具有高吸水、高耐水、抗霉变、使用寿命长等优点。而且蒸发比表面积大，降温效率达 80% 以上，不含表面活性剂，自然吸水，扩散速度快，效能持久。一滴水 4～5s 即可扩散完毕。国际同行业标准自然吸水为 60～70mm/5min 或 200mm/1.5h。此外，湿帘还能够净化进入猪舍内的空气。湿帘的组成如图 5-1-7 所示。

湿帘厚度有 10cm 和 15cm 两种，湿帘纸为油性黏纸，风速低，降温效果不明显。而如果风速大，冷空气易造成猪群应激，且造成湿帘变形，降低使用年限。

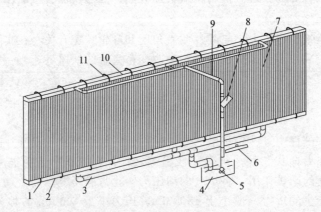

图 5-1-7 湿帘
1—框架拖板；2—下框架；3—回水管；4—水池；5—水泵；6—排水球阀；
7—湿帘；8—过滤器；9—供水主管；10—上框架；11—框架挂钩

2. 湿帘降温设备工作原理

湿帘降温设备的工作是利用"水蒸发吸收热量"的原理，实现降温的目的。"湿帘-负压风机"降温系统由纸质多孔湿帘、水循环系统、风扇组成。未饱和的空气流经多孔、湿润的湿帘表面时，大量水分蒸发，空气中由温度体现的显热转化为蒸发潜热，从而降低空气自身的温度。风扇抽风时将经过湿帘降温的冷空气源源不断地引入室内，从而达到降温效果。

湿帘冷风机降温是用循环水泵不间断地把接水盘内的水抽出，并通过布水系统均匀地喷淋在蒸发过滤层上，使室外热空气通过蒸发换热器（蒸发湿帘）与水分进行热量交换，清凉、洁净的空气则由低噪声风机加压送入室内，以此达到降温效果。从湿帘流下的水经过湿帘底部的集水槽和回水管又流回到水池中。

湿帘还具有通风透气和耐腐蚀性能，对空气中污尘具有极好的过滤作用，是无毒无味、洁净增湿、给氧降温的环保材料，所以也用于空气净化和过滤。

3. 湿帘的技术性能参数

湿帘的技术性能参数主要有降温效率和通风阻力。这两个参数的数值大小取决于湿帘厚度和过帘风速（通风量/湿帘面积）。湿帘越厚、过帘风速越低，降温效率越高；湿帘越薄、过帘风速越高，则通风阻力越小。为使湿帘具有较高的降温效率，同时减小通风阻力，过帘风速不宜过高，但也不能过低，否则使需要的湿帘面积增大，增加投资，一般过帘风速为 $1\sim1.5m/s$。当湿帘厚度为 $100\sim150mm$、过帘风速为 $1\sim1.5m/s$ 时，降温效率为 $70\%\sim90\%$，通风阻力为 $10\sim60Pa$。湿帘的水流量应为 $4\sim5L/m^2 \cdot s$，水箱容量为湿帘面积乘湿帘的水流量。当舍外气温为 $28\sim38℃$ 时，湿帘可使舍温降低 $5\sim8℃$。但舍外空气湿度对降温效果有明显影响，经试验，当空气湿度为 50%、60%、75% 时，采用湿帘可使舍分别降低 $6.59℃$、$5℃$、$2℃$，因此，在干旱的内陆地区，湿帘通风降温系统的效果更为理想。

猪舍湿帘面积是由猪舍夏季最大通风量决定的，例如夏季最大通风量为 $100000m^3/h$，湿帘面积＝夏季最大通风量÷过帘风速÷风机风量＝$100000m^3/h÷1.8m/s÷3600s/h=15.43m^2$。

湿帘的选配需要满足两方面的条件：

① 湿帘增加的负压在可控范围内，一般不大于 20Pa；

② 湿帘降温效率达到 75% 以上。

要同时满足这两点要求，不同型号、不同厚度湿帘要求的最大过帘风速不同。下面以猪舍常用的蒙特 CELdek7090 和 CELdek7060 型 150mm 厚湿帘为例，介绍如何确定湿帘的最大过帘风速。如图 5-1-8 所示，20Pa 压力损失对应的过帘风速，150mm 厚 7090 湿帘为 1.2m/s，150mm 厚 7060 湿帘为 1.8m/s。另外湿帘降温效率为 175%，对应的过帘风速：150mm 厚 7090 湿帘为 4m/s，150mm 厚 7060 湿帘为 1.8m/s。

标准型湿帘特性：①采用高分子材料与空间交联技术，具有高吸水性、高耐水、抗霉变、降温效率高、使用寿命长等特点；②蒸发降温效率达 80% 以上；③自然吸水、扩散速度快、效能持久；④不含易使人过敏的物质，绿色、环保、安全、节能、经济适用。

4. 湿帘冷风机

湿帘冷风机是湿帘与风机一体化的降温设备，由湿帘、轴流风机、水循环设备及机壳等部分组成。风机安装在湿帘围成的箱体出口处，水循环设备从上部喷淋湿润湿帘，并将湿帘下部流出的多余未蒸发的水汇集起来循环利用。风机运行时向外排风，使箱体内形成负压，外部空气在吸入的过程中通过湿帘被加湿降温，风机排出的降温后的空气由与之相连接的风管送入要降温的地方。湿帘冷风机的出风方向有上吹式、下吹式和侧吹式，如图 5-1-9 所示。

湿帘冷风机使用灵活，猪舍是否密闭均可采用，并且可以控制降温后冷风的输送方向和位置，尤其适合猪舍内局部降温的要求。湿帘冷风机的出风量为 $2000\sim9000m^3/h$。其降温效率、湿帘阻力等特性与湿帘-风机降温设备相似。不同的是湿帘冷风机采用的是正压通风的方式，其设备投资费用较大。

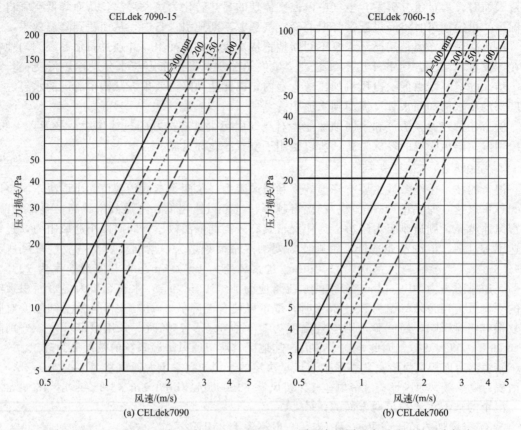

(a) CELdek7090　　　　　　　　　　(b) CELdek7060

图 5-1-8　CELdek7090 和 CELdek7060 型 150mm 厚湿帘不同过帘风速下的压力损失

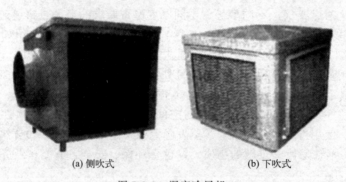

(a) 侧吹式　　　　　　　　　　(b) 下吹式

图 5-1-9　湿帘冷风机

四、加温供暖方式

温度对猪的养殖和育肥的影响是十分大的，不仅会影响生长发育的快慢和饲料利用率，并且还对疾病防治起到关键的作用；如果温控做好了，就非常容易对其他自然环境标准进行调节和控制。

现代化猪场对猪舍加温方式有集中供暖和局部供暖两种。

1. 集中供暖

集中加温供暖就是由一个集中的加温供暖设备对整个猪场（猪舍）进行全面供暖，使舍温达到适宜的温度。集中加温供暖根据热源不同，可分为热水式加温供暖和热风式加温供暖两种。

(1) 热水式加温供暖

热水式加温供暖主要是将热水通过管道输送到舍内的散热器，也可在地面下铺设热水管道，利用热水将地面加热。其特点是节省能源，供热均匀，保持地面干燥，减少痢疾等疾病发生，利用地面高贮热能力，使温度保持较长的时间。但热水管地面加温的一次性投资比其他加温设备投资大2~4倍；地下管道损坏不易修复；加热所需的时间较长，对突然的温度变化调节能力差。常用于猪舍供热和地板局部供热等。热水供热系统按水在系统内循环的动力可分为自然循环和机械循环两类。

热水加温系统的优点是养殖舍内温度稳定、均匀，运行可靠，经济性好。缺点是系统复杂，设备多，造价高，设备一次性投资较大。它是养殖舍内目前最常用的加温方式，一般都采用小型低压热水锅炉，燃料可选择燃油、燃气或煤，比较经济。

循环热水加温供暖（即暖气片）的方法是既安全又效果均匀的供暖方法，并且易保持猪圈环境卫生的清洁，没有煤渣和尘土；不过由于投资比较大，环境污染也比较严重，所以这种取暖方式的比例也在降低。

(2) 热风式加温供暖

热风锅炉是如今应用较多的类型，并且新的热风锅炉类型越来越多。靠离心风机将热吹向猪圈，使得猪圈的温度较为匀称。假如选用的是从舍外吹入的新鲜暖空气，还具有通风换气的作用，对猪更加有益。有先将气体加温后吹入猪圈的，有先将水烧开后用散热器将暖风吹到猪圈的。也有用电的热风锅炉，用柴油机的热风锅炉等不同种类。

视频：热风炉

2. 局部供暖

局部供暖是利用采暖设备对养殖舍的局部进行加热，而使该局部地区达到较高的适宜猪生长的温度。如分娩母猪舍中，母猪的适宜温度为18~25℃，而此时仔猪的适宜温度为28~32℃，这时就需要在仔猪区单独设置加热设备。

五、加温设备识别

1. 集中供暖设备

(1) 热水式加温供暖设备

① 自然循环热水加温供暖设备。该设备主要由热水锅炉、管道、散热器和膨胀水箱等组成。按管道与散热器连接形式，又可分为单管式、双管式。单管式设备各层散热是串联的，热水按顺序沿各层散热器流动并冷却，它用管较省，流量一致，但各层散热器的平均温度不同。双管式设备的各层散热器并联在供水管和回水管之间，每个散热器自己构成一回路，这样各散热器平均温度相同，但流量容易不均，需用闸阀进行控制。

锅炉：锅炉主要由锅炉本体（汽锅、炉子、水位计、压力表和安全阀等）和锅炉辅机（风机、水泵等）组成，如图5-1-10所示。

图5-1-10 锅炉

锅炉是一种利用燃料燃烧后释放的热能或工业生产中的余热传递给容器内的水，使水达到所需要的温度（热水）或一定压力蒸汽的热力设备。用锅炉将水加热，然后用水泵加压，热水通过供热管道供给在舍内均匀安装、与温室采暖热负荷相适应的散热器，热水通过散热器来加热舍内的空气，提高舍内的温度，冷却的热水回到锅炉再加热后重复上一个循环。

散热器：散热器是安装在供热地点的放热设备，如图 5-1-11 所示。它的功能是当热水从锅炉通过管道输入散热器时，散热器即以对流和辐射的方式将热量传递给周围空气，以补充舍内的热损失，保持舍内要求的温度，以达到供热的目的。散热器常见的有光管型、圆翼型和柱型等。光管型散热器由钢管焊成，它制造简单，但散热面积小，相同效果的散热器消耗金属量大。圆翼型散热器由圆管外面圆形翼片制成，其散热面积比光管大 6~10 倍，所以能节省材料，为温室专用的散热器，具有使用寿命长、散热面积大的优点，应用比较广泛。柱型散热器由铸铁铸成带散热肋的柱状形式，其散热面积介于光管型和圆翼型之间，形状较美观，常用于民用建筑。

图 5-1-11　散热器

膨胀水箱：膨胀水箱用来容纳或补充系统中水的膨胀或漏失，稳定设备中的水压，排除设备中的空气等。对于低温热水加温设备，一般都采用与大气相通的开放式膨胀水箱，它一般都设有膨胀管、补水管和溢水管。膨胀水管常为竖管，与设备相通。补水管与补水箱相连，补水箱由浮子阀控制水位。溢水管位于膨胀水箱的上部，当膨胀水管中的水过多时，水即通过溢流管排出。

② 机械循环热水加温供暖设备。该设备在自然循环式设备的回水管路中加设水泵，使水在整个设备内强制循环。它适用于管路长的大中型加温供暖设备。

(2) 热风式加温供暖设备

该设备是利用热空气（热风）通过管道直接输送到舍内。热风式加温供暖系统由热源、空气换热器、风机、管道和出风口等组成。工作时，空气通过热源被加热，再由风机通过管道送入舍内。常用于幼猪舍。它的优点是温度分布比较均匀，热惰性小，可与冬季通风相结合，避免了冬季冷风对猪的危害，为舍内提供热量的同时，也提供了新鲜空气，降低了能源消耗，易实现温度调节，设备投资少。缺点是：不适宜远距离输送，运行费用和耗电量要高于热水采暖系统。

按热源和换热设备的不同，热风式加温供暖设备可分热风炉式、蒸汽（或热水）加热式和电热式。在我国养殖业中广泛使用的是热风炉式加温设备。

① 热风炉式加温供暖设备。该设备主要包括热风炉炉体、离心风机、电控柜、有孔风管四部分，如图 5-1-12 所示。根据对空气加热形式可分为直接加热式和间接加热式；按燃料形式可分为燃煤、燃油和燃气三种形式；按加煤方式分为手烧、机烧两种。其中，燃煤热风炉结构最简单，操作方便，一次性投资小，应用最广，但烟气的污染也最重，其他两种燃料的热风炉仅适用于燃料产地及有条件的地方。养殖舍加温用燃煤热风炉大多为手烧、间接式。

热风炉炉体：实际上是一种气-气热交换器。它是以空气为介质，采用间接加热的燃料换热装置。目前有卧式与立式两种形式，但工作原理基本相同，如图 5-1-13 所示。

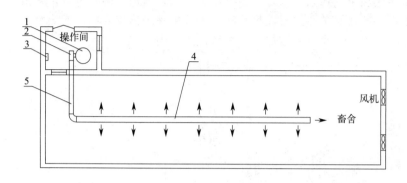

图 5-1-12　热风炉加温设备
1—热风炉；2—离心风机；3—电控柜；4—有孔风管；5—连接风管

图 5-1-13　热风炉

离心风机：其功能是向舍内输送热风。风机进风口与热风炉的热风出口直接对接，风机出风口则与送风管路相连，通过送风管路将热风输送至舍内。

电控柜：电控柜中包括两套温度显示系统，其中一套温度显示系统的温度传感器设置在热风炉的热风出口处，控制风机启动和关停。另外一套温度显示系统的温度传感器设置在舍内，将舍内不同点的温度在电控柜内显示出来，并在高于或低于限定温度时自动报警，提醒操作者采取措施。

有孔风管：用以将热风炉产生的热风引向舍内并均匀扩散。该管是一条长度约为供暖长度 2/3 的圆管，每隔 1m 左右开一个排风口，管的末端敞开，多余热风全部从末端排出。有孔风管可用镀锌薄钢板卷制，也可用帆布缝制或塑料薄膜粘接。

工作时，热风炉燃料点燃进入正常燃烧后，热量辐射到炉壁上，经过耐火材料和钢板的传热，将热量传到风道和热交换室中，冷空气通过鼓风机经过炉体中的风道预热后进入热交换室进行热交换后成为热空气（热风），热空气经出风口再由送风管道送入舍内。舍内的送风管道上开有一系列的小孔，热空气从这些小孔中以射流的形式吹入舍内，并与舍内的空气迅速混合，产生流动，从而整个舍内被加热。

热风炉式加温可实现单纯加温、加温加通风和单独通风三种运行模式。

单纯加温（内循环运行）：当不要求换气、只要求加热时，可将热风炉操作间与室外的通风口关闭，而将舍内与热风炉工作间之间的通风口打开，使舍内的温热空气再次进入热风炉内加热，通过有孔风管进入舍内，这样热风是在舍与热风炉操作间循环，故称内循环，可迅速提高舍内温度，又节省燃煤。

加温加通风（外循环运行）：既需要加温保持舍内温度，又需要舍内通风换气时可将舍内与热风炉操作间之间的通风窗口关闭，打开热风炉操作间与室外的通风窗口，启动热风炉向舍内送热风，并同时启动舍另一端的风机以增加换气量，这样可以在不降低舍内温度的前提下，对舍内进行通风换气。

单独通风：在热风炉不生火的情况下，启动热风炉离心风机，室外的新鲜空气通过离心风机、有孔风管进入舍内，与舍内的空气混合后，经舍另一端的风机排出舍外，达到彻底通风的目的。

② 蒸汽（或热水）加热式加温供暖设备。一般可设在猪舍的中部。由气流窗、气流室、散热器、风机和风管等组成，如图 5-1-14 所示。散热器是有散热片的成排管子，锅炉供应

的蒸汽或热水通过管内。室外的新鲜空气通过可调节的气流窗被风机的吸力吸入舍内，再由此经过过滤器进入散热器受到加热，最后被风机吸入并沿暖管进入猪舍内。除了上述自行选择装配的蒸汽（或热水）加热式热风供热系统以外，还有用蒸汽或热水加热的暖风机，它由散热器、风机和电动机等组成。散热器是一排有散热片的管子，由锅炉供应的蒸汽或热水在管内通过，空气由风机吹过散热器，在通过后被加热，然后进入舍内。

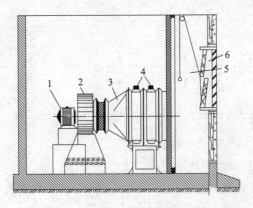

图 5-1-14　蒸汽（或热水）加热式加温供暖设备
1—电动机；2—风机；3—吸气管；4—散热器；5—气流式；6—气流窗

③ 电热式热风加温供暖设备。与蒸汽（或热水）加热式类似，使用电热式空气加热器代替蒸汽（或热水）式空气加热器。电加热器的制作很简单，只要在风道中安上电热管即可，所以设备成本较低，并且很适于进行自动控制。但它的耗电量大、运行费用高等缺点限制了它的应用。

2. 局部加温供暖设备

局部采暖常用的设备有火炉、远红外线辐射板加热器、电热保温板、红外线灯等。

（1）火炉

火炉，有一般的煤炭炉（图 5-1-15），也可以采用蜂窝煤炉。生火炉简单易行，提温速率快，但供暖面积相对较小，有一氧化碳中毒的风险，在大的养猪场及规模养猪场，已经基本不用。

（2）远红外线辐射板加热器

远红外线辐射板加热器由加热器、辐射板和调温控制开关三部分组成。其功率为230W，使用电压为220V。调温控制开关分为高低两挡，位于低挡时功率为115W。一般作为母猪分娩栏里使用的局部采暖设备，主要是给刚出生的仔猪使用。

图 5-1-15　煤炭炉

远红外线辐射板加热器的工作原理是：辐射板在通过电流后产生远红外线，并在加热器架上的反射板的作用下，使远红外线集中辐射于仔猪躺卧区，当它被猪体表面吸收后，直接为其加热。其最大优点是热效率非常高。此外，仔猪经过远红外线辐射后还能促进增重和增强对各种疾病的抵抗能力。

（3）电热保温板

电热保温板（图 5-1-16）是分娩母猪舍内使用的一种局部加热设备。它是将电热丝埋在玻璃钢板内，利用电热丝加热玻璃钢板，使其表面保持一定的温度。电热保温板的功率为110W，电压为220V。有高低两挡控温开关，以适应不同周龄仔猪对温度的要求，其最高表面温度可达到38℃。电热保温板表面附有防滑条纹，并具有良好的绝缘性和耐腐蚀性，且不积水、易清洗、抗老化的优点。

（4）红外线灯

红外线灯（图5-1-17）的工作原理与远红外线辐射板加热器大致相同。它是在灯泡壁上涂有能够产生红外线的材料，灯丝发出的热量辐射到灯泡壁上后，向外发射红外线。红外线灯与远红外辐射板加热器相比，它产生的红外线能穿透皮层，促进新陈代谢，还能够发出微弱的红光。在夜间，仔猪可以很容易就进入到保温箱中，并且微弱的红光不影响仔猪休息。红外线灯的主要缺点是价格高，使用寿命较短。

图 5-1-16　保温板

图 5-1-17　红外线灯

常用的红外线灯结构及接线方式与白炽灯基本相同，差别在于它的抛物面状的灯泡顶部敷设铝膜，以使红外线辐射流集中照射于仔猪躺卧区。常用的红外线灯的功率为250W，电压为220V，在已加温的分娩栏或仔猪区可用150W灯泡，在温和天气时可用40W灯泡。在使用时，将红外线灯悬挂在仔猪保温箱的上方，离仔猪活动区地板45cm以上。

 技能训练

通过观察环境控制型猪舍的环境控制的各种设备，完成《实践技能训练手册》中技能训练单14和15。

项目二　环控设备的安装与操作

【情境导入】

对于认识了的环控设备的新员工来说，安装是一件更难的事情，既要了解环控设备的工作原理，又要掌握安装的技术要求，还要掌握当地的气候环境及猪场的最大养殖量，然后计算环控设备数量及具体安装位置。需要团队协作一起完成这项任务。

学习目标

1. 知识目标
- 了解环控设备的组成和基本工作原理；
- 掌握环控设备的安装步骤和规范；
- 掌握环控设备与猪舍环境的适应性及设备的调试方法。

2. 能力目标
- 结合环控设备的组成和基本工作原理，能够独立完成环控设备的安装和调试；
- 能够正确操作环控设备，掌握设备的运行状态。

3. 素质目标
- 树立责任意识和安全意识，培养及时发现并解决问题的能力；
- 树立团队协作的意识。

 知识储备

一、通风设备安装与使用

1. 计算换气量

不同阶段、不同体重与通风换气量的大小密不可分，比如说，在 18~45kg、45~68kg、68~100kg 体重时，每头猪最小通风量分别在冬季极端天气时为 $0.04m^3/min$、$0.07m^3/min$、$0.09m^3/min$，冬季正常情况下分别为 $0.3m^3/min$、$0.4m^3/min$、$0.5m^3/min$。夏季最大通风量分别为 $1m^3/min$、$2m^3/min$、$2.8m^3/min$。在设计时应按最大通风量安排风机数量，300 头猪在以上三个阶段的最大通风量分别为 $18000m^3/h$、$36000m^3/h$、$50400m^3/h$。

2. 风机选择

在猪舍建设中，风机多数选择为 140cm×140cm 风机，通风量为 $32000m^3/h$，按最大通风量则需要安装 2 个型号的风机。

3. 通风量设定

在实际生产操作中，由于风速受墙体、猪栏等障碍物的阻力影响，换气量仅占 80% 左右，因此要提高通风量来满足换气需要。比如说，300 头商品猪在 18~45kg、45~68kg、68~100kg 体重时最大通风量为 $22500m^3/h$、$45000m^3/h$、$63000m^3/h$。

4. 自然通风口设置

自然通风由设在天棚和纵墙接合处的开口和天棚上的缝孔空气进口组成。在建造猪舍时，应预先留出开口，通常开口间距为 2~4m，开口尺寸一般为 40cm×20cm。新鲜空气由开口或天窗进入天棚上面的空间，稍加预热，再通过缝孔进口进入舍内，在猪舍四周形成一个比较干燥温暖的空气层。

5. 风机安装

① 各组风机单独安装、独立控制。一般一个风机安装一套控制装置和保护装置，这样，便于定期维修保养，清洁除尘，加注润滑油，也便于调节舍内的局部通风量。安装风管时，接头处一定要严密，以防漏气，影响通风效果。

② 风机的安装位置。轴流式风机一般直接安装在屋顶上或猪舍墙壁上的进、排气口中。

负压式通风中，屋顶排风式的风机安装在屋顶上的排气口中，两侧纵墙上设进气口；两侧排风式的风机安装在两侧纵墙上的排气口中，舍外新鲜空气从墙上的进气口经风管均匀地进入舍内；穿堂风式的风机安装在一侧纵墙上的排气口中，舍外新鲜空气从另一侧纵墙上的进气口进入舍内，形成穿堂风。若使风机反转，排气口成为进气口，进气口成为排气口，就是正压式通风。

> **【资料卡】 风机工作过程**
>
> 1. 轴流式风机的工作过程
>
> 当风机叶轮被电动机带动旋转时，机翼型叶片在空气中快速扫过。其翼面冲击叶片间的气体质点，使之获得能量并以一定的速度从叶道沿轴向流出。与此同时，翼背牵动背面的空气，从而使叶轮入口处形成负压并将外界气体吸入叶轮。这样，当叶轮不断旋转时就形成了平行于电机转轴的输送气流。
>
> 2. 离心式风机的工作过程
>
> 空气从进气口进入风机，当电动机带动风机的叶轮转动时，叶轮在旋转时产生离心力将空气从叶轮中甩出，甩出后的空气汇集在机壳中，由于速度慢，压力高，空气便从通风机出口排出流入管道。当叶轮中的空气被排出后，就形成了负压，吸气口外面的空气在大气压作用下又被压入叶轮中。因此，叶轮不断旋转，空气也就在通风机的作用下，在管道中不断流动。这种风机运转时，空气流靠叶轮转动所形成的离心力驱动，故空气进入风机时和叶片轴平行，离开风机时变成垂直方向。这个特点使其自然地可适应管道90°的转弯。

6. 通风设备使用

(1) 操作前技术状态检查

① 检查机电共性技术状态是否良好。

② 检查风扇安装离地面高度是否大于2.2m。

③ 检查风机叶片是否完好，有无变形，连接是否牢固。

④ 检查通风设备表面的油污或积灰是否清除。设备表面的油污和积灰不能用汽油或强碱液擦拭，以免损伤表面油漆，影响部件的功能。

⑤ 检查电源和电线管路是否良好。

⑥ 检查电控装置是否灵敏可靠。

⑦ 检查电机轴承注油孔是否注入适量机油。

⑧ 检查各连接螺栓是否拧紧可靠。

(2) 通风设备使用操作

① 检查通风设备技术状态符合要求后再开启电动机。

② 启动前先关闭风机风门，以减少启动时间和避免启动电流过大。

③ 待风机转速达到额定值时，将风门逐步开启投入正常运行；在使用过程中经常观察风机的电压和电流是否与额定值相符。

④ 带有调速旋钮的风机在启动时，应按顺序缓慢旋转，不能旋停在两挡位中间的位置。

⑤ 作业中观察电机温升是否过高、线路是否出现烫手和异常焦味以及设备转速变慢或振动剧烈等故障，如有应立即停机，切断电源检修。

⑥ 达到通风效果后关闭通风设备控制开关。

⑦ 作业注意事项：

猪舍通风一般要求风机有较大的通风量和较小的压力，宜采用轴流式风机。

多台风机同时使用时，应逐台单独启动，待运转正常后再启动另一台，严禁几台风机同时启动，因为风机启动电流为正常运转电流的3～6倍。

开启通风设备控制开关、操作各项功能开关、按键、旋钮时，动作不能过猛、过快，也不能同时按两个按键。操作电控装置时应小心谨慎，避免电击伤害人身安全。

猪舍夏季机械通风的风速不应超过2m/s，否则过高风速会使气流与猪体表间的摩擦过大而使猪感到不舒服。

冬季通风需在维持适中的舍内温度下进行，要求气流稳定、均匀，不形成"贼风"。

采取吸出式通风作业时，其风机出口要避免直接朝向易损建筑物和人行通道。

设备自动停机时，先查清原因，待故障排除后再重新启动。

不允许在运转中对风机及配电设备进行带电检修，以防发生人身事故。

排风管一般要高出舍脊0.5m以上或安排在离进气口最远的地方，也可考虑设置在粪便通道附近，以便排出污浊空气。同时要做好冬季防冻措施。

二、湿帘安装与使用

湿帘应安装在通风系统的进气口，以增加空气流速，提高蒸发降温效果。水箱设在靠近湿帘的舍外地面上，水箱由浮子装置保持固定水面高度。其安装位置、安装高度要适宜，应与风机统一布局，尽量减少通风死角，确保舍内通风均匀、温度一致。湿帘尺寸的选择原则是应使湿帘系统达到最好的效果。该选择何种厚度的湿帘，除了考虑所在地的地理位置、气候条件外，还应看温室内湿帘和风机的距离以及花卉作物对温度的敏感程度。若风机与湿帘的距离越大（一般超过32m以上），建议使用15cm厚的湿帘；此外，湿帘的进风口尺寸越大越好。因为进风口尺寸过小会增加静压，从而大大降低风机效率，增加耗电量。

同时在湿帘进风一侧设置纱网（25目左右），用来防尘和防止杂物吸附在湿帘上。湿帘进水口前设置过滤器，防止喷淋口堵塞。安装时，应将湿帘纸拼接处压紧压实，确保紧密连接，湿帘上端横向下水管道下水口应朝上安装，同时湿帘的上下水管道安装时要考虑日后的维护，最好为半开放式安装；并保证湿帘横向水管整体保持水平状态，且湿帘的固定物不可紧贴湿帘纸，安装完毕后对整个水循环系统进行密闭处理。

在下风向山墙安装风机，风机下沿距猪舍地面水平高度在100cm；湿帘在上风向山墙安装，由地下贮水池、循环泵、滴水管等组成，湿帘下沿距猪舍地面水平高度在30～50cm。

1. 湿帘安装的位置选择

湿帘风机在为猪场通风换气时，一定要分配得均匀，否则会造成猪舍通风的死角。一定要找专业公司进行安装，一旦安装得不好，后果就可能会比较严重。

① 从总体来说，设备最好安装在建筑物的外墙上，尽量缩短对流距离。

② 设备可安装在猪场的净道的墙面上、窗台上，首先将要装风机或水帘的窗拆下，并把窗内框清理干净，同时保证安装环境的空气流畅清新。水帘不应装在有臭味或异味气体的排气口处，如：厕所、厨房、化学物体排风口等。如果没有足够通风使用的窗或门，负压通风要开设墙孔，保证猪舍需求风量。

③ 风机安装在距地面100～150cm位置，先用角钢焊好托架，风机和水帘要确保水平安装，固定螺栓一定要坚固可靠，使对流在适当的高度，创造清爽环境。

④ 风机水帘通风系统安装方式一般有纵向和横向两种。

⑤ 要确保风机水帘系统的安装位置处的机架结构稳固，强度能支撑整个设备以及检修人员的重量。

⑥ 装上水帘后注意要用玻璃胶封边以免影响对流效果，接下来在水帘对流纵向的窗台装上负压风机，在墙上固定负压风机。风机固定后，要在其出风口加装防护网，以免人员靠近接触风轮而产生危险。

2. 湿帘安装的技术要求

① 安装前，先用角钢焊好托架，其参考尺寸，由现场安装需求尺寸确定，并用六个 M10 膨胀螺钉和两个 M10 穿墙螺栓固定在要安装的位置；

② 因检修时人进入机内的安全及风机自身稳固需要，宜采用 40mm×40mm×4mm 或 50mm×50mm×4mm 的角钢；

③ 安装时应由设备公司技术人员单独完成，安装时应以安装图为准，并结合安装地点实际情况对图纸进行优化。

3. 湿帘安装注意事项

① 湿帘风机安装前应对各部件进行全面的检查，机体是否完整，叶轮及机壳是否因运输而损坏变形，紧固件是否松动，手动旋转叶轮时，叶轮与机壳是否有摩擦碰撞，如发现问题应待修复和调整后方可安装；

② 风机质量必须检测合格，具有防腐蚀作用，关注电机运行状态，定期检修；

③ 湿帘用水必须保证洁净无污，经常换新，检查湿帘情况，确保滴水均匀，对损伤的纸质及时修补替换；

④ 在高温高湿情况下，要打开门窗，加强通风换气，降低湿度，防止发生热射病；

⑤ 应注意检查风机及管道内是否掉入工具和杂物等，气流方向是否正确，与进出风管道连接时应自然吻合，不得强行连接，更不许将管道重量附加在水帘风机上；

⑥ 接管道时，可串联或并联使用，以提高水帘风压和风量；

⑦ 水平安装时，支架或基础应加减振橡胶，其厚度为 10~20mm。

4. 湿帘的使用

(1) 技术状态检查

① 检查水源是否符合要求；

② 检查供水池水位是否保持在设置高度、浮球阀是否正常工作、池中水受污染程度、池底和池壁藻类滋生情况，能否保证循环用水；

③ 检查供水系统过滤器的性能和污物残存情况，确保其功能完好，如过滤器已破损，则更换过滤器；

④ 检查湿帘上方的管线出水口，确保水流均匀分布于整个湿帘表面；

⑤ 检查湿帘固定是否牢固；湿帘表面有无破损、有无树叶等杂物积存；

⑥ 检查湿帘纸之间有无空隙，如有空隙应修复，如果湿帘局部地方保持干燥，那么室外热空气不仅可以顺利进入舍内，而且还会抵消降温效果；

⑦ 检查湿帘内、外侧有无阻碍物；

⑧ 检查湿帘框架是否有变形，湿帘运行中接头处有无漏水现象和溢水现象；

⑨ 通电开启水泵，检查水泵是否正常。按照说明书进行开/关调节，检查供、回水管路有无渗漏和破损现象、湿帘干湿是否一致、有无水滴飞溅现象、水槽是否有漏水现象。

(2) 湿帘使用操作

① 当养猪舍外环境温度低于 27℃ 时，一般采用风机进行通风降温，外界环境超过 27℃

时，启用湿帘系统。

② 如启动湿帘风机降温时，应先关闭所有猪舍门窗和屋顶、侧墙的通风窗。

③ 水量调节。供水应使湿帘均匀湿透，湿帘顶层面积供水量为 $60L/min \cdot m^2$，如果在干燥高温地区，供水量要增加 10%~20%。从感官上看，所有湿帘纸应均匀浸湿，有细细的水流沿着湿帘纸波纹往下流，不应有未被湿透的干条纹，内外表面也不应有集中水流。通过调节供水管路上溢流阀门的开口大小控制水量。

④ 水质控制。湿帘使用的水应该是井水或者自来水，不可使用未经处理的地表水，以防止湿帘滋生藻类。湿帘降温原理为水分蒸发吸收空气中热量，当启动湿帘系统时，水被蒸发掉，而其中的杂质及来自空气中的尘土杂物被留下来，导致在水中浓度越来越高，会在湿帘表面形成水垢，故要经常放掉一部分水，补充一些新鲜水，同时在重新进入供水管道前要过滤。

⑤ 系统每次使用结束后，水泵应比风机提前 10~30min 关闭，使湿帘水分蒸发晾干，以免湿帘上生长水苔。

⑥ 系统停止运行后，检查水槽中积水是否排空，避免湿帘底部长期浸在水中。

⑦ 湿帘清理：湿帘表面的水垢和藻类物清除。在彻底晾干湿帘后，用软毛刷上下轻刷，避免横刷。（可先刷一部分，检验一下该湿帘是否经得起刷。）然后只启动供水系统，冲洗湿帘表面的水垢和藻类物。（避免用蒸汽或高压水冲洗湿帘。）

⑧ 喷水管清理：打开两端的螺塞，用一外径约为 25mm 的橡胶软管插入，另一端接自来水，冲洗即可。

⑨ 水泵若一段时间不用，应放在清水中，通电运行 5min，清洗泵内外泥浆，然后擦干、涂防锈油并放置于通风干燥处。

三、加温供暖设备的安装与使用

1. 循环热水加温供暖设备工作原理

在热水加温设备中，锅炉和散热器之间由供水管相连。当系统充满水后，水在锅炉中受热，温度升高，密度减小；而在散热器散热的水，温度降低，密度增大。被锅炉加热的水不断上升，经散热器冷却的水又流回（或经水泵抽回）锅炉，被重新加热，形成循环。

知识拓展：三防网安装

加温设备依靠热升冷降的重力作用实现不断地循环。根据经验，其保证条件是，最低散热器的中心到锅炉中心的高度差不小于 3.5m。热水靠重力作用循环的压力较小，因此，作用范围不应超过 50m。

2. 蒸汽加温供暖设备工作原理

蒸汽加温设备是以水蒸气作为载热介质，水蒸气由锅炉产生，通过管道，进入散热器凝结成水，同时放出热量；凝结的水靠重力或者机械力回到锅炉加热。该设备分为低压和高压两种。低压蒸汽加温设备的压力为 20~70kPa。高压蒸汽加温设备的压力和温度较高，高温散热器常装进猪舍热空气加温设备里，作为空气加热的热源。

3. 锅炉安装

① 施工方法：依据施工方案技术要求、设备说明书要求，确定设备、管道和风道的位置及标高，划线安装。特殊要求与设计，甲方（或监理方）协商解决。施工流向：先核对基准线，定位、划线后安装。

② 施工准备：施工图的审核交底，由公司主管经理组织技术人员、施工人员及设计人

员对施工图进行审核，达到熟悉图纸、便于施工的目的。施工图中不清楚的地方请设计人员解释交底，互相交流，达到设计、施工和使用的目的。

③ 泵类安装：在基座上先划线后安装。在泵座地脚螺栓附近垫铁，将底座垫高约 20~40mm，检查离心泵泵体水平度，每米不超过 0.1mm，水平联轴器应保持同轴度；轴向倾斜每米不超过 0.8mm；径向位移不超过 0.1mm。用水泥浆浇灌泵座及地脚螺栓。3~4 天水泥干后，再按第②项复查。

④ 箱罐安装：箱罐标高允许偏差±5mm，水平度每米长度不超过 10mm，垂直度每米高度不超过 10mm，中心线位移不超过 5mm。箱罐的支、吊、托架安装应平直牢固，位置正确。支架立柱位置不超过 5mm，垂直度每米高度不大于 10mm。支架横梁上平面标高为±5mm，侧向弯曲的长度不大于 10mm。敞开箱罐做满水试验，不漏为合格。密闭箱罐应以工作压力的 1.5 倍作水压试验。

⑤ 阀门与法兰安装：阀门安装前做强度和严密性试验，强度与严密性试验压力为出厂规定的压力。阀门安装位置、方向、高度应符合设计要求，不得反装。装带手柄的手动阀门，手柄不得向下。阀门与法兰连接时，不得强力对接，石棉垫片应擦油，螺栓应均匀紧固。

⑥ 焊接要求：焊接工人应有焊工操作证。两个管子对口的错口偏差，应不超过管壁厚的 20%，且不超过 2mm。调正对口间隙时，不得采用加热张拉和弯曲管道的方法。管道对口焊接时，当管壁厚度大于等于 5mm 时，应磨成 V 形口，并有一定间隙。用气焊割加工管道口时，必须除去割口表面的氧化皮，并将影响焊接质量的凹凸不平处打磨平整。管道的对口焊缝或弯曲部位不得焊接支管。弯曲部位不得有焊缝，接口焊缝距起弯点应不小于 1 个管径，且不小于 100mm，接口焊缝距管道支、活架边缘应不小于 50mm。双面焊接管道法兰，法兰内侧的焊缝不得凸出法兰密封面。

⑦ 管道安装：管及管件在安装前应将内外壁的铁锈及污物清除干净，并保持内外壁干燥。液体管道不得向上安装成"凸"形，以免形成气囊。气体管道不得向下安装成"凹"形，以免形成液囊。从液体干管引出支管，应从干管底部或侧面接出；从气体干管引出支管，应从干管顶部或侧面接出。有两根以上的支管与干管相接，连接距离应相互错开。设备相接，管道不得强迫对口。管道穿过墙或楼板应设大于管径一级的钢套管，焊缝不得置于套管内。钢制套管应与墙面或楼板底面平齐，但应比地面高 2mm。管道与套管的空隙应用隔热或其他不燃材料填塞，不得作为管道的支撑。各设备之间连接的管道，其倾斜度及坡度应符合设计要求。管道水平段有一定坡度，其斜度应符合设计要求。冷凝水管选用镀铸管，丝扣连接，有一定坡度，其斜度应符合设计要求。

⑧ 烟风道制作安装：烟风道制作用钢板的厚度应符合规范要求。矩形弯管的弯曲半径应符合规范要求。烟风道的表面应平整，圆弧均匀；咬口缝应紧密，宽度均匀。烟风道外边长度允许偏差，小于或等于 300mm 为 -1mm；大于 300mm 为 -2mm。矩形法兰内边尺寸允许偏差为 +2mm，不平度不应大于 2mm。烟风道与法兰连接，翻边尺寸应为 6~9mm，翻边应平整，不得有孔洞。

⑨ 风管及部件的安装：烟风道与部件的可拆卸接口，不得装设在墙或楼板内。支、吊、托架的预埋件或膨胀螺栓，位置应正确、牢固可靠，埋入部分不得有油污及油漆。保温烟风道支、吊、托架的间距应符合设计要求或规范。悬吊的烟风道应在适当位置，设置防止摆动的固定点。支、吊、托架不得设烟风道风阀、检视门处，吊架不得直接吊在法兰上。宜设在保温层外部，在保温层与支、吊、托架间加垫木，不得损坏保温层。法兰的填料厚度为 3~5mm，垫木不得凸入管内，连接法兰的螺栓应均匀紧固。烟风道水

平安装时，允许偏差每米不大于3mm，总偏差不大于20mm。烟风道垂直安装时，允许偏差每米不大于2mm，总偏差不大于20mm。烟风道的调节装置应装在便于操作的部位。烟风道阀装应平整，位置正确，转动部分应灵活。烟风道与设备、部件采用柔性短管连接，应松紧适当，不得扭曲。

4. 热风炉安装

① 设备验收：热风炉运到现场后，为能迅速运行，安装前须做好下列准备工作：a. 热风炉运到后，按制造公司清单对零部件进行清点，根据热风炉安装图复核设备的完整性，检查热风炉大件在运输途中是否有损坏、变形等情况。如果有损坏、变形等，安装部门应拒绝安装。b. 热风炉本体如需起吊，起重机起重能力应不小于本体自重。

② 安装人员要求：热风炉安装必须有专人负责，司炉工参加。组织有关人员学习资料。组织有关人员熟悉热风炉图纸、安装使用说明书等技术性文件，以了解和掌握安装、起吊、运行操作等事项。

③ 确定安装地点：安装地点最好接近用热地点，以利于缩短热风管路，降低基建费用，减少管路热损失。燃料和灰渣的存放与运输方便。热风炉在安装运输时道路畅通。热风炉房的布置应光线充足，通气良好，底面不应积水。为保证运行操作检修方便，炉前空余4~5m，炉后空余1.5~2m，左右两侧空余2m，热风炉房高度不低于本炉高度加1m。热风炉房内严禁存放有毒、易燃、易爆物品。热风炉房门窗应向外开，休息室、窗户也应向外开。

④ 地基准备：按地基图施工，画好热风炉本体的安装基准线，用混凝土浇好热风炉基础。辅机的安装应按照辅机使用说明书要求执行，辅机的地基应以实物为准，浇筑辅机基础。

⑤ 管道安装：管道应安装在固定支架或者墙体上，保证稳定性。管道应安装在适宜的高度，避免危险（烫伤、灼伤）的发生。取暖管道上的热气孔的孔距（3~5m）根据房间的大小适宜开孔，不宜过多，孔径（$\phi 15 \sim 30$）不宜过大。

5. 加温供暖设备操作

① 作业准备：清除炉膛内杂物。清洁舍内传感器和热风炉进、出风口；检查风机技术状态和炉体连接牢固性；检查管路、闸阀和散热器等各连接处密封良好；检查电源电路、接地线是否连接牢固；检查开关和仪表灵敏度和可靠性；检查水泵技术状态；准备大小适宜的无烟块煤。

② 技术状态检查：检查烟囱安装是否牢固可靠。检查烟尘在屋面出口位置密封情况，如有空隙应修理；检查炉膛内杂物是否清除干净，检查炉膛内有无烧损部位、炉条是否有脱落、损坏现象。如发现有损伤部位应停炉修复后再用；检查并用软布擦净热风炉出风口和舍内传感器，看其通电后显示是否正常；检查风机与炉体连接是否牢固，调风门开关是否灵活到位有效，出现调风门开关不到位或卡阻现象应及时处理。试运转检查风机转向是否正确、运转声音是否异常；检查出风管路各连接处密封情况是否良好，发现漏风要及时处理；检查养猪舍内引风管吊挂是否高度基本一致，清理积灰；检查电源电路及接地线是否正常；打开电控柜，检查各种接线是否牢固，清除电气设备上的灰尘；检查仪表上下限的设置。一般热风炉出口温度上限为70℃，下限为55℃。设定上限时，把仪表面板上的设定开关拨到上限设定位置，用十字螺丝刀调整上限设定旋钮（右旋为增大，左旋为减小），调整至所需温度，再把设定开关拨到下限设定位置，调整下限温度。注意上限温度一定要高于下限温度，否则设备将不能正常工作。最后把设定开关拨到中间位置；检查风机和水泵的技术状态是否良好；检查风机轴承是否缺油，油不足加

油润滑；检查进、出风口是否清洁；检查采暖管道、闸阀和散热设备等；检查压力表、温度计和水位计技术状态是否良好。

③ 技术作业。

烘炉：烘炉前，应对热风炉设备及所有电器进行检查，确认无异常现象时，方可点火运行。炉排上堆放干木柴，点火燃烧，时间一般持续4h左右，燃烧时适当添加干木柴。

点火：当达到烘炉要求后，在木柴上加少量的煤，煤燃烧起来后，再将其红火逐渐向周围拨弄，直到整个炉条上布满煤火，方可加大布煤量。燃煤热风炉点火与送风可同时运行或点火后立即开动风机送风，但送风不得晚于点火后5min。燃气热风炉必须先开动送风机，后点火。热风炉点火后，应先小火燃烧，待热风炉炉胆全部预热后再强燃烧，相应送风量自始至终应该满负荷运行。

加煤燃烧的要领：应做到"三勤""四快"。"三勤"为：勤添煤、勤拨火、勤捅火。"四快"为：开闭炉门快，但动作轻；加煤快，要匀散；拨火动作快，不准出现火窜冷风口；出渣快，不得碰坏炉内耐火材料。

加煤：正常运行中，加煤时，布煤要均匀，煤层厚度在100～150mm，根据煤种不同确定煤层厚度。热风炉正常运行时应检查炉箅上的燃烧情况，要求是：火床平，火焰实而均匀，颜色呈淡黄色，没有窜冷风的火口，从烟囱冒出的烟呈淡灰色。通过调整清灰门开启的大小来调节炉膛的供风量，从而调整热风炉的燃烧程度。热风炉正常运行时，燃烧室的最高燃烧温度应保持在900～1000℃，供风温度不得大于350℃，短时内（2～3min）不得大于400℃。当风温高于350℃时，应立即调小燃烧温度调整热风炉进风口大小，待送风温度正常后，恢复到正常运行状态。

清理：要及时清理炉膛下面炉渣，防止闷炉。使用一段时间后，如果炉火不旺，可能是烟灰堵塞管路，可打开检修口，清理后再使用。

风机的启动与关停：风机启动前，先检查送风管路风门调节手柄是否处于关闭位置，启动约半分钟后，方可逐渐打开到正常位置；停止送热风时，应先闷火或熄火后继续送风，待风温降至100℃以下时停止送风。

风机有手动和自动两种控制方法：①手动时只需将开关拨到"手动"位置，风机即运转，不用时拨到中间位置。②自动控制时，将开关都拨到"自动"位置，当热风炉出口处温度过高时，则启动离心风机及时将热量排出，降低热风炉内的温度，当热风炉的热风出口温度降下来时，离心风机则自动停机。

停炉熄火：停炉熄火时，要先让炉内燃料燃尽或将燃料掏出，直到炉温低于设定下限值时，才可以关闭离心风机，在此之前不得切断电源或强制停机。

供暖结束：供暖结束时，关闭清灰门，打开炉门，将燃料燃尽或加煤粉均匀封盖火床压火，待炉膛内温度降低后（当出风口传感器显示温度低于559℃时）停止风机运行，以免炉膛内温度过高烧损设备。

检查：作业中经常观察压力表、温度计的读数等。检查热风炉出风口热风温度，检查烟囱排烟是否正常；每班做好作业记录。

技能训练

根据参观猪舍的养殖量，完成猪舍通风的最大最小通风量计算，选择合适的风机-湿帘，并完成《实践技能训练手册》中的技能训练单16。

【资料卡】 环控系统常见误区和解决方案

1. 湿帘和水帘降温怎么运行

误区：湿帘和水帘是通过冷水对空气冷却来降低进入猪舍空气温度的。

正解：湿帘和水帘是通过水蒸发吸热来达到降低室内的温度的。由于水帘湿帘纸进风孔是45°角的直通道，水帘厚度只有10cm、15cm、20cm三种，空气通过湿帘的时间只有0.07s，水帘对空气冷却效果不明显，因此要配合负压风机运用到猪舍中。

2. 玻璃钢负压风机排风量

误区：猪舍场地安装风机不测算是否能达到猪舍需求通风排风量，以为一面墙全是风机就可以了。玻璃钢负压风机和水帘随便安装一个位置就可以。

正解：玻璃钢负压风机安装要根据猪舍面积、高度、长度、宽度、猪只头数、猪只体重、环境温度、湿度等因素综合计算需求通风量，再根据需求通风量选择合适的风机型号和数量。

3. 水帘湿帘纸整体面积

误区：只要多安装几个玻璃钢负压风机，通风量够了，水帘面积小点无所谓。

正解：猪舍安装水帘的面积也是需要进行精确计算的，水帘面积要与风机通风量匹配。水帘面积过小，增加猪舍静压差，导致风阻系数增加，降低通风量，从而影响降温效果。水帘面积过大，会造成不必要浪费。一般情况下风机的风速平均在10~12m/s，也可以简单计算为水帘面积应是风机的3~4倍。

4. 关于温度

误区：太阳出来就开水帘，早开比晚开好。

正解：当猪舍温度在28℃以下时只用风机通风降温就够了，当所有风机全开启，温度还高于28℃时再升启水帘，可以设计温控开关。水帘开启太早，不仅带来浪费，还会增加空气湿度。

5. 关于水帘用水的水温

误区：用冷水比常温水效果好，用地下水，不用循环水。甚至会在水箱中加入冰块。

正解：水帘是通过水蒸发吸热来降低空气温度的。水太冷不利于水分蒸发，降温效果反而不好。当然，水帘用水也不能太热，水温在20~30℃效果最佳。

6. 关于水帘用水的水质

误区：不关注水质、为了用低温水而用地下水，认为水帘堵塞一点不影响降温效果。

正解：地下水杂质多，硬度大，会造成水帘堵塞，水帘堵塞很难清洗。哪怕只有不到10%的面积堵塞，在干燥处进入热空气，都会影响降温效果。所以，水帘要用自来水作循环水，可在水箱中加入$5\mu g/mL$的氯制剂或碘制剂消毒液，防止滋生青苔、藻类，并定期清理水箱。水箱最好分为上水水箱和回水水箱，上水水箱和回水水箱的上三分之一处用水管相通，确保回水沉淀后，上层的清水再进入上水水箱。

7. 关于通过水帘的水量

误区：通过水帘的水量越大，降温效果越好。

正解：水帘是通过水蒸发吸热来降温的，水量大不会增加降温效果，以湿润水帘为宜。水量过大会形成水幕现象。一方面会增加通风阻力系数,降低入口风速,从而降低蒸发降温效果,同时还会给猪舍带入大量水汽,增加猪舍湿度。可以对湿帘进行间歇供水,这样会降低猪舍湿度,尤其是产房。间歇时间需要现场根据通风情况进行测算,时间控制原则是:水帘不能干燥,且猪舍温度上升不超过1℃。

8. 猪舍隔热及水帘风机安装的高度

误区:不重视猪舍隔热,只依赖水帘降温。水帘风机随便安装就好了。

正解:猪舍隔热才是应对热应激的重点。猪舍不做好隔热措施,形成热桥效应会对降温效果产生很大影响。玻璃钢负压风机和水帘安装高度一般为1.5m。如果想排风更明显,可以用小一点的玻璃钢风机,比如高800mm×长800mm或者高和长都是600mm的玻璃钢风机。

项目三 环控设备的维护

【情境导入】

某猪场引进猪群后,人员进入舍内感觉味道刺鼻,并且感觉空气浑浊,猪群也有咳喘症状。通风降温设备已经安装完成。

分析刺激性气体浓度大、猪群咳喘的原因有:一是舍内通风设备没有调试好,有害气体浓度过高;二是粪便清理不彻底;三是疾病影响。

猪舍内应适当调节通风,风机风速调节适中,舍内有害气体浓度降下来,舍内猪群咳喘现象减轻了很多。

据调查,由于工作人员的疏忽大意,风机调节有误,致使舍内有害气体浓度增大,造成猪群咳喘。因此,应为猪群提供新鲜空气,控制好猪舍的温度,除去猪舍内的湿气、热量、废气、灰尘、细菌、病毒、真菌孢子和化学物质等,延长猪舍使用寿命,并考虑动物福利。

视频:环境控制面板

学习目标

1. 知识目标
- 能够掌握不同设备的故障排除与维护方法。

2. 能力目标
- 结合不同设备特点,能够进行设备调试和日常维护的方法,延长设备使用寿命;
- 根据环控系统的基本原理和组成,具备对环控系统进行日常维护和简单故障排除的能力。

3. 素质目标
- 树立责任意识和安全意识,关注动物福利;
- 分析问题和解决问题,提高实践能力和创新能力;
- 培养严谨的科学态度,能够客观地分析问题、解决问题。

知识储备

一、通风设备的技术维护

1. 日常维护保养

① 每日检查轴承温度，如温度过高应检查并排除升温原因。
② 每日检查紧固件、连接件，不得有松动现象。
③ 风机噪声应稳定在规定范围内，如遇噪声忽然增加，应立即停止使用，检查排除。
④ 风机振动应在规定范围内，如遇振动加剧，应立即停机，检查消除。
⑤ 传动带有无磨损、过松、过紧，如有请及时更新或调整。
⑥ 轴承体与底座应紧密结合，严禁松动。
⑦ 用电流表监视电机负荷，不允许长时间在超负荷状态下运行。
⑧ 检查电机轴与风机轴的平行度，不许带轮歪斜和摆动。
⑨ 检查风机进气或排气口铁丝网护罩完好，以防人员受伤和鸟雀接近。
⑩ 检查通风机进气口设置的可调节的挡风门（或防倒风帘）完好。在风机停止时，风门自动关闭，以防止风吹进舍内。
⑪ 如果采用单侧排风，应检查两侧相邻猪舍的排风口是否设在相对的一侧，以避免一个猪舍排出的浊气被另一个猪舍立即吸入。
⑫ 使用中要避免风机通风短路，必要时用导流板引导流向。切不可在轴流风机运行时，打开门窗，使气流形成短路，这样既空耗电能，又无助于舍内换气。

2. 定期维护保养

① 清除通风设备表面的油污或积灰，不能用汽油或强碱液擦拭，以免损伤表面油漆，影响部件的功能。
② 查看电控装置，进行除尘，检查是否有断开线路。
③ 检查电源电压、电线管路固定和接线良好、控制和保护装置的灵敏可靠等。
④ 清洁、检查电机，电机轴承是含铜轴承，必要时向注油孔中注入适量机油。
⑤ 因猪舍内腐蚀条件严重，应选用具有较高抗腐蚀性能的材料。定期检查维护管道的密封性能。
⑥ 1个月1次检查，确保风机百叶窗开关是否正常开启，防止电动机负压运行。
⑦ 2周1次清理风扇浮尘脏物，保证风机表面清洁、无杂物。
⑧ 定期观察检查风机运行情况、有无杂音。
⑨ 定期检查驱动带锁紧是否合适。
⑩ 视情况更换电动机轴承（一般免维护）。

3. 风机停用后的保养

① 清理、检查风机轴承体各零部件，除污、除尘，如有损坏，需更新。
② 清洁检查通风管道和调节阀，如有漏气，必须补焊修复。
③ 检查主轴是否弯曲，按要求校正或更新。
④ 检查叶轮，如磨损严重，引起不平衡，应重新进行动静平衡，或更换新叶轮。
⑤ 检查带轮有无损坏，如有，需更换。
⑥ 检查维护电气设备，使其保持完好技术状态。
⑦ 对运动件、摩擦件、旋转件应加油润滑、调整间隙；对金属件要做好防锈处理。

⑧ 试运转正常后，做设备完好标志，进入备用状态保管。

⑨ 长期不用，应对风机内外清洗保养，脱漆部分补刷同色防锈漆后，用塑料布遮盖好以备后用。

⑩ 对长时间不使用，应定期检查风机转动部件防止锈蚀现象，一个月左右检查一次，运行一次。

4. 负压通风降温的维护

负压通风降温工程不断扩大的原因是：负压风机在运行时很少出现一些烦人的噪声，并且运行时消耗的电量是非常少的，因此受到一些猪舍的青睐。我们在进行电机与扇叶的保养之前，首先需要检查电机，这时候要将各种电源插头拔下来，检查电机各处的线路是否畅通，线路的连接处有没有出现断开或者是短路的情况。

① 将电机中的每个螺栓都拧紧加固一下。因为机器在使用的过程中是有一定颤动的，螺栓也可能随之松动，如果不将松动的螺栓拧紧，很有可能会造成安全隐患。

② 电机中还有一些绝缘电阻，这些电阻也要检查一下是否正常，尤其是电阻的触头处。查看扇叶是否有裂纹，如果有裂纹不及时更换的话，风机使用中扇叶由于力的作用很容易飞出来。

③ 风阀与机械内部的多个部分相连，这些相连之处也很容易产生松动现象，如果有螺栓脱落，要及时更换。

④ 扇叶因为在使用时长期暴露在外面，很容易沾染灰尘，所以要好好保养。

5. 风机故障检查与排除

风机常见故障诊断与排除见表 5-3-1。

表 5-3-1 风机故障检查与排除

故障现象	故障原因	排除方法
轴承箱振动剧烈	机壳或进风口与叶轮摩擦	进行整修,消除摩擦部位
	基础的刚度不够或不牢固	基础加固或用型钢加固支架
	叶轮铆钉松动或带轮变形	将松动铆钉铆紧或调换铆钉重铆,更换变形带轮
	叶轮轴盘与轴松动	拆下松动的轴盘用电焊加工修复或调换新轴
	机壳与支架、轴承与支架、轴承箱盖与座连接螺栓松动	将松动铆钉铆紧,在容易发生松动的螺栓中添加弹簧垫圈防止产生松动
	风机进出气管道安装不良	在风机出口与风道连接处加装帆布或橡胶布软接管
	转子不平衡	校正转子至平衡
轴承温升过高	轴承箱振动剧烈	检查振动原因,并加以消除
	润滑脂质量不良、变质、填充过多或含有灰尘、砂垢等杂质	挖掉旧的润滑脂,用煤油将轴承洗净后更换新油
	轴承箱盖座的连接螺栓过紧过松	适当调整轴承盖座螺栓紧固程度
	轴与滚动轴承安装歪斜,前后两轴不同心	调整前后轴承座安装位置,使之平直同心
	滚动轴承损坏、轴承磨损过大或严重锈蚀	更换新轴承
电动机电流过大或温升过高	开车时进气管道内闸门或节流阀未关严,风量超过规定值	关闭风道内闸门或节流阀(离心式),调整节流装置或修补损坏的风管
	输送气体密度过大,使压力增高	调节节流装置,减少风量,降低负载功率
	电动机输入电压过低或电源单相断电	电压过低应通知电气部门处理。电源单相断电应立即停机修复
	联轴器连接不正,橡胶圈过紧或间隙不匀	调整联轴器或更换橡胶圈
	受轴承箱振动剧烈的影响	停机,排除轴承座振动故障
	受并联风机发生的故障的影响	停机,检查和处理风机故障
皮带滑下	两带轮中心位置不平行	调整带轮的位置
	两带轮距离较近或皮带较长	调整电动机的安装位置

续表

故障现象	故障原因	排除方法
风量或风压不足或过大	转速不合适,或系统阻力不合适	调整转速或改变系统阻力
	风机旋转方向不对	改变转向,如改变三相交流电动机的接线
	管道局部堵塞	清除杂物
	调节阀门的开启度不合适	检查和调节阀门的开启度
	风机规格不合适	选用合适的风机
风机使用日久后风量风压逐渐减少	风机叶轮、叶片或外壳锈蚀损坏	检修或更换损坏部件
	风机叶轮或表面集积灰尘	彻底清除叶轮和叶片表面的积尘
	皮带太松	调整皮带的松紧程度
	风道系统内积有杂物	清除整理
风机噪声过大	通风机噪声较大	采用高效率低噪声风机
	振动太大	检查叶轮的平衡性,检查减振器等隔振装置是否完好
	轴承等部件磨损、间隙过大	更换损坏部件
风机机壳过热	在进风阀或出风阀关闭的情况下运行时间过长	先停止风机运行,待冷却后再开机
风机振动空载时小,负荷时过大	联轴器安装不正,风机轴和电动机轴不同心或风机的皮带安装不正,两不平衡	对联轴器和带轮轴进行校正和调整

二、湿帘降温设备的技术维护

1. 湿帘系统日常使用注意事项

① 水泵不要直接放在水箱(或水池)底部。当水箱(或水池)缺水或水位高度不够时,严禁启动水泵,否则会造成水泵空转发热而烧坏水泵。

② 不要频繁启动或长时间运行湿帘。每天至少关闭水泵和风机 1h,可选择在凌晨。

③ 检查湿帘状况,特别要注意其表面结垢及藻类滋生情况。每天要使湿帘彻底干燥一次,抑制藻类生长。在水泵停止运行后 30min 关停风机可使湿帘完全晾干。

④ 保证循环用水,注意适宜水温不要高于 15℃。

⑤ 当舍外空气相对湿度大于 85% 时,湿帘效果会较差,此时应停止使用湿帘降温。

⑥ 湿帘的开启最好连接在温度控制仪上。用温度和时间同时控制,尽量不用人工开关,以防温度不均匀。

2. 湿帘系统维护

① 保养维护设备时要断开电源,并在电源开关处挂上"检查和维修保养中"的标牌,以防止他人误开电源。

② 若湿帘在安装后能被猪触及,一般用网孔不大于 15mm×15mm 的铁丝网隔开,并离开湿帘不少于 200mm。

③ 定期清除风机内部的灰尘,特别是叶轮上的灰尘、污垢等杂质,以防止锈蚀和失衡。

④ 及时清洗、修理或更换风机百叶窗和防护网及清除蜘蛛网。

⑤ 每周检查一次传动带松紧度及磨损情况。

⑥ 每月轴承注射黄油一次。

⑦ 在水箱(或水池)上加盖密封,保持水源清洁,水的酸碱度应保持 pH 值在 6~9。加盖既可防止脏物进入,还可避免阳光直射,减少藻类滋生。

⑧ 每月清洗水箱(水池)及管道等循环系统一次,以防细菌、藻类生长;每周检查一次管路有无渗漏和破损。

⑨ 每两周清洗一次网式过滤器，清洗后，拧紧过滤器顶盖，防止漏水，发现损坏应及时修复。

⑩ 定期清理湿帘表面并检查其完好性。湿帘安装是一块一块拼接而成的，必要时可从框架内取下来清理。

湿帘表面积尘清洗的办法：最好用大量的清水冲洗，但要用常压水流而不能用高压水枪，否则会冲坏湿帘；也可用喷雾器将洗涤剂喷洒在湿帘表面，浸泡片刻，然后用常压水流冲洗，这样容易将污垢冲掉。但要注意选择的洗涤剂产品，尤其是不使用含有氯的洗涤剂。

湿帘表面水垢和藻类物清理方法：在彻底晾干湿帘后，用软毛刷上下轻刷，避免横刷（可先刷一部分，检验一下该湿帘是否经得起刷），然后只启动供水系统用常压水流冲洗。

⑪ 日常维护后必须检查上水阀门和电源是否复原。

⑫ 若风机长期不用应封存在干燥环境下，严防电机绝缘受损。在易锈金属部件上涂防锈油，防止生锈。

⑬ 湿帘长时间不使用时，应用塑料膜或帆布整体覆盖外侧，防止树叶、灰尘等杂物进入湿帘纸空隙内，同时有利于舍内保温；可加装防鼠网或在湿帘下部喷洒灭鼠药防止鼠害。

⑭ 风机首次使用时、电机故障排除后、入库保存重新安装后，必须进行点动试运转，保证扇叶旋转方向应与标示箭头方向一致，如有反转情况交换任意两根线位进行调整。正转调整好后重新开启风机观察运行有无异常，任何的异响、噪声过大、振动都是风机存在故障，应排除后运行。

⑮ 水泵停止使用后，要放尽水泵和管路内的剩水，并清洗干净；对底阀、弯管等铸铁件应当用钢丝刷把铁锈刷净，涂上防锈漆后再涂油漆，待干燥后再放入干燥的机房或储存室通风保存；若用传动带传动的，传动带卸下后用温水清洗擦干后挂在干燥且没有阳光直接照射的地方；检查或更换滚珠轴承，对不需要更换的可用汽油或煤油将轴承清洗干净，涂上黄油，重新装好；螺钉螺栓刷洗干净后涂上机油或黄油，以免锈蚀或丢失。

3. 湿帘常见故障诊断与排除

湿帘常见故障诊断与排除见表 5-3-2。

表 5-3-2 湿帘常见故障诊断与排除

故障现象	故障原因	排除方法
湿帘纸垫干湿不均	1. 喷水管堵塞 2. 喷水管位置不正确 3. 疏水湿帘没有装 4. 供水量不足	1. 打开末端管塞，冲洗喷水管 2. 喷水管出水孔调整为朝上 3. 检查疏水湿帘是否安装 4. 冲洗水池、水泵进水口、过滤器等，清除供水循环系统中的脏物；调节溢流阀门控制水量或更换较大功率水泵、较大口径供水管
水滴溅离湿帘纸垫	1. 供水量过大 2. 湿帘边缘破损或出现飞边，都会引起水滴飞溅 3. 湿帘安装倾斜 4. 喷水管中喷出的水没有喷到反射盖板上	1. 调节溢流阀门控制水量或更换较小功率水泵 2. 检查并修复湿帘破损边缘和飞边 3. 调整湿帘使之竖直 4. 喷水管出水孔调整为朝上
水帘溢水和漏水	1. 供水量过大 2. 水槽出水口堵塞 3. 水槽不水平	1. 减少供水量 2. 清理水槽出水口杂物 3. 进行调整，保证水槽等高
水槽接缝处漏水	1. 水槽变形导致接缝处开裂 2. 水槽密封胶老化	1. 在停止供水后，调整水槽，涂抹密封胶 2. 重新涂抹密封胶

续表

故障现象	故障原因	排除方法
降温效果不明显	1. 湿帘横向下水管道下水口向下安装 2. 湿帘横向下水管道不平 3. 湿帘堵塞 4. 湿帘纸拼接处安装不紧密 5. 水循环系统不密闭，粉尘较大且夏季苍蝇较多，容易造成水源污染，进而堵塞水循环系统	1. 重新安装，使湿帘横向下水管道下水口向上安装 2. 校正横向水管道在同一轴线上 3. 清洁湿帘 4. 修复湿帘纸拼接处，使其安装紧密 5. 尽量用密封管道连接，加强过滤清除污物，清洁水源

三、加温供暖设备技术维护

1. 技术维护

① 热风炉运行时要经常检查炉膛内是否有烧损部位，如发现有损伤部位应停炉修复后再用。

② 经常检查热风中是否有烟气，若有烟气应立即停炉检修，修复后方可使用。

③ 定期检查、润滑风机轴承。

④ 定期清洁进、出风口。

⑤ 每季清洗燃烧机。方法是：拆下过滤器的滤网，用清洁的毛刷在柴油中将其清洁干净，轻轻拉出火焰探测器，擦净上面的油垢和积炭。

⑥ 每年检修采暖管道、闸阀和散热设备等。

⑦ 定期校正压力表、温度计、流量计等。

⑧ 每年保养水泵和风机等。

⑨ 热风炉停炉保养。热风炉停炉一般有三种情况：暂时停炉、紧急停炉和正常停炉。

a. 暂时停炉。短休、夜间或需热风炉短时间停止供热时，可采用压火的办法来解决。操作步骤是：先关闭清灰门，待热风出口温度低于55℃时再停风机。当短休结束或需热设备继续供热时，可以最快的速度恢复正常运行。

b. 紧急停炉。运行中如果发生突然停电或热风炉发生意外故障需检修时，应紧急停炉，否则会造成设备损坏。操作步骤是：关闭电源，关闭清灰门，打开炉门，快速清理炉内燃料，让热量自由散发，严禁往炉内泼水降温。将掏出的未燃尽的燃料用沙子覆盖或用水浇灭，确认燃料完全熄灭后方可离开，以防止发生火灾。

c. 正常停炉。作业结束或需长时间检修而有计划进行的停炉。

热风炉长期搁置不用时要做好防水、防潮措施。将热风炉的进出风口和烟囱口封严，关严炉门、清灰门和清渣口。炉内铺放生石灰、煤灰等干燥剂，保持炉内干燥，使用场所湿度不得大于85%，防止电绝缘下降和金属表面锈蚀。

热风炉长期搁置以后再使用时，要对热风炉进行全面检查。查看电器部分是否工作正常，炉膛内耐火材料和炉条是否有脱落、损坏等现象，将炉内杂物清理干净，确定热风炉各部分正常后方可使用。

2. 维护与保养

① 热风炉在运行时要经常检查燃烧室是否有烧损部位，如发现有损伤部位应停炉修复后再启用。

② 应经常检查热风中是否有烟气，若有烟气应立即停炉检修，修复后方可使用。

③ 热风炉运行系统不得有漏烟、漏气现象发生，若发现有漏烟、漏气现象应采取措施消除后继续运行。

④ 若热风炉长时间停止运行应在炉膛内放置干燥剂并将炉门、灰门关闭，同时应将送风入口封闭，防止湿空气进入炉内氧化。

3. 日常作业注意事项

① 操作间应有足够的操作空间，不应堆放杂物，尤其是易燃易爆物品；保持清洁卫生，保证进入舍内的热空气的清洁。

② 烟囱高度要足够，在烟囱上口和防雨帽之间要铺设金属网，防止火星窜出发生火灾。

③ 热风炉运行中突然停电时，应立即将出风口传感器拔出，并将炉火封住，用煤粉压火，打开炉门，关闭清灰门。

④ 热风炉运行时必须有专人看管，如果出现停电、设备故障等情况时必须及时处理，以防止设备受到损坏。短时间离岗时要封炉。

⑤ 热风出口温度不得高于设备铭牌标示的最高使用温度，当温度过高时应及时关闭清灰门，以降低炉膛温度。

⑥ 热风炉运行时热风出口不得有漏烟现象发生，若发现有漏烟现象，应采取措施消除后再继续运行。

⑦ 避免无风强烧，高温时，不得停止风机。

⑧ 经常检查舍内猪只表现是否正常、舍内通风是否良好。尤其是在冬季气温低的情况下，操作者往往只注意保暖而忽视了正常的通风。通风良好时，猪活泼好动，舍内无异味，如果发现猪只无病打蔫、呼吸微喘、异味很浓、灰尘弥漫，说明舍内通风极度不良，有害气体（氨、硫化氢、一氧化碳等）超标，应立即加强通风，这时应关闭清灰门，打开炉门。

⑨ 采用热风炉加温的猪舍，猪只入舍前 24h，舍内温度必须达到所规定的要求。

⑩ 检查猪舍内温度及均匀分布情况，查验温度计上的温度与实际要求的温度是否吻合。

⑪ 检查猪舍门窗关闭情况，热风炉运行时，必须做到关闭所有猪舍门窗和屋顶通风口。

4. 锅炉常见故障诊断与排除

锅炉常见故障诊断与排除见表 5-3-3。

表 5-3-3　锅炉常见故障诊断与排除

故障名称	故障原因	排除方法
锅炉无法启动或无火现象	1. 锅炉供应电源故障 2. 燃气或燃油供应故障 3. 点火装置故障 4. 火焰探测器故障	1. 检查锅炉电源是否正常。如果电源有问题，及时修复 2. 检查燃气或燃油供应是否正常。如果供应故障，修复供应系统或更换供应介质 3. 检查点火装置是否正常工作。如果有故障，修复或更换点火装置 4. 检查火焰探测器是否正常。如果有故障，修复或更换火焰探测器
锅炉运行时温度过高	1. 锅炉水循环不畅 2. 过热器水垢积聚 3. 锅炉燃烧不完全 4. 锅炉排烟通道堵塞	1. 检查锅炉水循环是否正常。如果流量不畅，清洗或更换水泵、阀门等设备 2. 清理过热器内积聚的水垢。可使用清洗剂进行清洗 3. 检查燃烧情况，调整燃气或燃油供应量，确保燃烧充分 4. 检查排烟通道是否堵塞，清理堵塞物
锅炉水位异常	1. 水位传感器故障 2. 进水阀故障 3. 排水阀故障	1. 检查水位传感器是否故障，如果有问题，修复或更换传感器 2. 检查进水阀是否正常工作，如果有故障，修复或更换进水阀 3. 检查排水阀是否正常工作，如果有故障，修复或更换排水阀

续表

故障名称	故障原因	排除方法
锅炉漏水	1. 锅炉管道接口松动或破损 2. 锅炉压力过高 3. 锅炉水质问题导致管道腐蚀	1. 检查锅炉管道接口是否松动或破损,紧固或更换接口 2. 调整锅炉压力至正常范围内 3. 检查锅炉水质,如检测到水质问题,进行水质处理并清洗锅炉内部
锅炉排烟异常	1. 锅炉燃烧不完全 2. 锅炉燃料质量不合格 3. 锅炉燃烧系统调整不当	1. 调整燃气或燃油供应量,确保燃烧充分 2. 更换质量合格的燃料 3. 对燃烧系统进行调整,保证燃烧充分且无异味

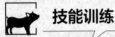 技能训练

完成《实践技能训练手册》中技能训练单 17 和 18。

 练一练

（一）填空题

1. 猪舍空气环境因素，主要包括（　　）、（　　）、气流、（　　）、（　　）、灰尘等，它们共同决定了猪舍的小气候环境。

2. 猪舍环境调控制设备主要有（　　）、降温设备、（　　）、采光与（　　）和环境综合控制器等。

3. 通风方式有（　　）和（　　）两种形式。

4. 当养殖舍外环境温度低于（　　）℃时，一般采用风机进行通风降温，外界环境超过（　　）℃时，启用湿帘系统。

（二）选择题

1. 大多数情况下，自然通风是在（　　）和（　　）同时作用下进行。
   A. 正压　　　　B. 负压　　　　C. 风压　　　　D. 热压

2. 猪场风向以夏季主导风向为准，一般选择纵向通风，湿帘在猪舍（　　）、风机在（　　）。
   A. 上风向　　　B. 下风向　　　C. 高地势　　　D. 低地势

（三）简答题

1. 猪舍通风的基本要求有哪些？
2. 描述环控系统的重要意义。

模块六 排污设备

我国作为全球第一大生猪养殖大国,养猪业在现代经济发展中占有举足轻重的地位,但同时也带来了颇具挑战的环境污染问题。规模化猪场日排粪、尿、污水量巨大,要净化这些粪便和废水难度较大,而经污水处理后,要长期达到国家排放标准就需要大量的投资和高额的运转费,也就增加了养猪过程中的成本。

养殖业的粪尿排泄物及废水中含有大量有机物、氮、磷、悬浮物及致病菌并产生恶臭,对环境质量造成极大影响,急需治理。而由于养猪场污水处理不同于工业污水处理,养猪场经济效益不高,限制了污水处理投资金额不可能太大,这就需要投资少、处理效果好、最好能回收一部分资源,有一定的经济效益。而养猪场的污水处理通常并不是仅采用一种处理方法,而是需要根据地区的社会条件、自然条件不同,以及猪场的性质规模、生产工艺、污水数量和质量、净化程度和利用方向,采用几种处理方法和设备组合成一套污水处理工艺。

项目一 清粪设备的识别

【情境导入】

某养殖户想在自家猪场上安装一套清粪设备,可是他考察了周围养殖户所用的机械设备,每户所用的设备都各有优缺点,设备种类比较多,不知道应该选择什么样清粪设备更合适。

 学习目标

1. 知识目标
- 了解不同清粪设备的类型、特点和适用范围;
- 理解清粪设备的工作原理和优缺点;
- 掌握选择清粪设备的要点和注意事项。

2. 能力目标
- 能够根据不同的养殖需求,选择合适的清粪设备。

3. 素质目标
- 树立责任感,提高环保意识;
- 培养安全生产意识,确保人身安全。

 知识储备

随着经济发展和社会进步,人们对环境质量的要求越来越严格,养殖业对环境带来的污染问题已逐步被社会关注和重视。因此，在猪场建设和生产中，要高度重视粪尿处理和环境控制，严格按国家有关标准进行排放，力求科学合理、综合利用，既要保障本场生产健康发展，又要消除猪场粪尿对周围环境的污染。猪场污水排放要参照国家《中、小型集约化养猪场环境参数及环境管理》和《畜禽养殖业污染物排放标准》等标准执行。

目前，我国的养猪生产正在由小规模分散、农牧结合方式快速向集约化、规模化、工厂化生产方式转变，每年产生大量的粪尿（表 6-1-1）与污水等废弃物，由于养猪方式、冲洗方式、收集方式、收集季节、猪群结构的不同，各猪场粪尿产生量会有一定差异。

表 6-1-1 不同阶段猪群的粪尿产量（鲜量）

种类	体重/kg	每头每天排泄量/kg			平均每头每年排泄量/t		
		粪量	尿量	粪尿合计	粪量	尿量	粪尿合计
种公猪	200～300	2.0～3.0	4.0～7.0	6.0～10.0	0.9	2.0	2.9
空怀、妊娠母猪	160～300	2.1～2.8	4.0～7.0	6.1～9.8	0.9	2.0	2.9
哺乳母猪	—	2.5～4.2	4.0～7.0	6.5～11.2	1.2	2.0	3.2
培育仔猪	30	1.1～1.6	1.0～3.0	2.1～4.6	0.5	0.7	1.2
育成猪	60	1.9～2.7	2.0～5.0	3.9～7.7	0.8	1.3	2.1
育肥猪	90	2.3～3.2	3.0～7.0	5.3～10.2	1.0	1.8	2.8

猪的粪尿排泄量受年龄、体重、生理阶段、饲粮组成、环境温度等的影响。如年龄与体重越小，排泄量越小；泌乳母猪较怀孕母猪采食量大，排泄量也大；饲粮粗饲料含量较高时，猪的采食量大，消化率低，排泄量大；夏季环境温度高，猪的饮水量大，排尿量也多（表 6-1-1）。猪粪尿的产生量和性质还与饲养管理工艺有关：采用干清粪工艺时，粪尿在猪舍内基本不混合，粪可单独清出猪舍，粪的含水量在 80% 左右，这种粪称为干粪；如果粪尿在猪舍内混合，粪含水量在 90% 左右，称为半流体粪；水泡粪或水冲粪含水量在 90% 以上，称为液粪。三种粪的产生量计算方法并不相同：干粪只计鲜粪量或鲜粪与垫料总量；半流体粪可按粪尿总量计；液粪则应包括粪、尿和生产用水量。

清粪设备的种类与特点

猪舍常用人工清粪和机械清粪两种。人工清粪所需要的设备非常简单，是人工利用铁锹、铲板、笤帚等简单工具将猪粪便收集成堆，人力装车或运走。机械清粪设备有拖拉机悬挂铲式清粪机、机械刮粪板、螺旋绞龙清粪机、高压清洗机等辅助设施。机械刮粪板因其优良的工作效果、出色的工作可靠性和适当的成本价格，在我国养猪场应用较多。常用的是往复式刮板清粪机和环形链式刮板清粪机。人工清粪设备就不做介绍了，现介绍一下机械清粪设备。

视频：粪污处理设备

1. 铲式清粪机

铲式清粪机也就是现在的装载机，是用机身前端的铲斗进行铲、装、运、卸作业的施工机械。

装载机一般以柴油发动机为动力源，以铲斗为工作装置，主要用于散装货物的装卸作业。它可分为轮式装载机和履带式装载机两种。又可分为 5t 以上（含 5t）和 5t 以下两个类型。装载机是一种广泛用于公路、铁路、建筑、水电、港口、矿山等建设工程的土石方施工机械。装载机具有作业速度快、效率高、机动性好、操作轻便等优点，因此它成为工程建设中土石方施工的主要机种之一，因此散养或大栏饲养时，清粪可以用小型的装载机。

装载机（图 6-1-1）具有以下结构特点：①单摇臂 Z 形反转机构，实现特大掘起力；②发动机和前、后桥驱动（双桥驱动），保证动力强劲；③改进型液压过滤系统，确保油路运行可靠；④柴油机后置，液压转向，操作简单灵活；⑤铰接式车架，转弯半径大；⑥液压刹车，刹车迅速可靠。该机具有设计合理、结构紧凑、操纵灵活、维修方便等优点。其各项性能指标均达到国家标准。能广泛适用于建筑工程、市政工程、城乡园林、石灰窑、沙场、水泥厂、石料厂、预制厂等施工场所，特别适用于在狭窄的场地装载散装物料及与载重汽车、拖拉机、农用运输车、建筑机械（混砂机、搅拌机）等配套使用，能大大提高工作效率。

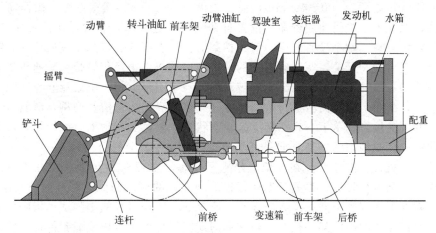

图 6-1-1　装载机的基本结构

2. 往复式刮板清粪机

（1）往复式刮板清粪机的组成

往复式刮板清粪机主要由驱动装置（包括电机、减速器、联轴器、大绳轮、小绳轮等）、转角轮、牵引绳（主要为钢丝绳或亚麻绳）、刮粪板、行程开关及电控装置等组成，如图 6-1-2 所示。

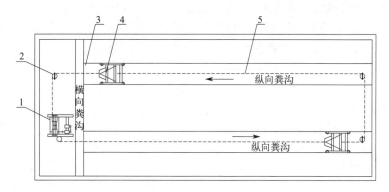

图 6-1-2　往复式刮板清粪机

1—驱动装置；2—转角轮；3—行程开关；4—刮粪板；5—牵引绳

（2）往复式刮板清粪机工作原理

往复式刮板清粪机由一个驱动电机通过链条或钢丝绳带动两个刮板形成一个闭合环路。工作时，电动机正转，驱动绞盘，带动一侧牵引绳正向运动，拉动该侧刮板移动，开始清扫粪便工作，并将粪便刮进横向粪沟一侧，另一侧牵引绳反向运动，该侧刮板翘起，后退不清粪。当刮板运行至终点，触动行程倒顺开关使电动机反转，带动牵引绳反向运动，拉动刮板空行程返回；同时，另一刮板也在进行反向清粪工作；到终点电动机又继续正转。如此循环往复两次就能达到预期清扫效果。

该机按动力构成可分为单相电和动力电两种。按机器配套减速机型号可分为蜗杆减速机和摆线针轮减速机两种。使用蜗杆减速机,电动机与减速机之间用传动带相连接,使用摆线针轮减速机,电动机和减速机之间直接连接。摆线针轮减速机输出扭矩大,更适合加宽加长粪道,刮粪宽度最宽可以达到 4m。按绕绳轮区可分为单驱动轮和双驱动轮。单驱动轮机器运转时有一个动力输出轮,双驱动轮机器运转时两个动力输出轮有效地避免了绳子打滑现象的发生。一般清扫宽度为 700~400mm,清扫长度 10~150m。其特点是:操作简便,镀锌刮板耐腐蚀,保证了清粪机使用寿命,设置自动限位、过载保护装置,运行可靠,无气候、地形等特殊要素影响,基本没有噪声,对大牲畜的行走、饲喂、休息不造成任何影响。

工作时,开启倒顺开关,驱动装置上的电机输出轴将动力经传动带和减速机传至驱动装置的主动绳轮和被动绳轮,由主动绳轮和被动绳轮与牵引绳(钢丝绳或亚麻绳)间的挤压摩擦获得牵引力,从而牵引刮粪板进行清粪作业。以 2 条纵向粪沟清粪为例,清粪时,处于工作行程位置的刮粪板自动落下,在车架上呈垂直状态,紧贴粪沟地面,刮粪板随着牵引绳的拉力向前移动,将粪沟内的粪便推向集粪坑方向(图 6-1-2 中的上列);位于空程返回的刮粪板自动抬起,离开粪沟地面,在车架上呈水平状态,空程返回(图 6-1-2 的下列)。两侧刮板机完成 1 次刮粪行程后,当处于返回行程的刮粪板的撞块撞到行程开关时,电机反转,处于返回行程的下列刮粪板向相反方向运动;原来处于工作行程的上列刮粪板则处于返回行程,将粪便遗留在粪沟中的某一位置,当该列的返回行程结束(撞块撞到行程开关)时,再次恢复工作行程,由另一个刮粪板将留在粪沟中的粪便继续向前移动。如此往复运动,依次将粪便向前推移,直至把粪沟内的粪便都推到横向粪沟输送带送至舍外。牵引绳的张紧力由张紧器调整。刮粪板往返行程由行程开关控制。往复式刮板清粪机技术参数:配套动力为 1.1~1.5kW,牵引力≥3000N,工作速度为 0.25m/s,适用粪沟数量为每台可用于 1~4 列粪沟,刮粪板回程离地间隙为 80~120mm,刮净度≥95%。

3. 环形链式刮板清粪机

环形链式刮板清粪机由驱动装置、链子、刮板、导向轮和张紧装置等部分组成(图 6-1-3)。工作时,驱动装置带动链节在环形粪沟内做单向运动,装在链节上的刮板便将粪便带到倾斜升运器上,通过倾斜升运器,可将粪便输送到舍外的运输车辆上。

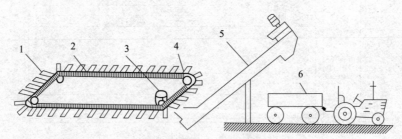

图 6-1-3 环形链式刮板清粪机
1—刮板;2—链子;3—驱动装置;4—导向轮;5—螺旋绞龙清粪机;6—拖车

清粪机的链子和刮板一般用不锈钢制造能达到较好的防腐效果。粪沟的断面形状要与刮板尺寸相适应。刮板能自由地上下倾斜,以使刮板底面能紧贴在粪沟底面上,保证良好的刮粪效果。适用于对头排列的双列大牲畜饲舍,粪沟连成环形。

4. 螺旋绞龙清粪机

螺旋绞龙清粪机是一种采用螺旋绞龙输送粪便的清粪机。一般仅用于猪舍的横向清粪,即将猪粪便运至舍外,往往与往复式刮板清粪机联合使用。横向粪沟断面做成"U"形,并低于纵向粪沟，在横向粪沟中安装螺旋绞龙。刮板清粪机将纵向粪沟内的粪便输送到横向粪沟中，螺旋绞龙转动时就将粪便送至舍外。

【资料卡】 猪场粪便处理

一、清粪种类及清粪方式

清粪设备的主要功能是清理猪的粪便，保持舍内的清洁环境。猪舍清粪设备常用有铲车式、刮板式、水冲式清粪设备等。辅助清粪设施还有普通地板和缝隙地板等。

清粪方式是工艺设计中必须认真考虑和确定的关键问题之一。猪场清粪方式的选择要视当地和各场实际情况因地制宜确定。常见的猪舍清粪方式有人工清粪、机械清粪、水冲清粪、水泡清粪和生态发酵床工艺5种。

1. 人工清粪

该工艺的主要目的是及时、有效地清除畜舍内的粪便、尿液，保持畜舍环境卫生，人工清粪就是靠人利用清扫工具将畜舍内的粪便清扫收集，再由机动车或人力车运到集粪场。减少粪污清理过程中的用水、用电，保持固体粪便的营养物，提高有机肥肥效，降低后续粪尿处理的成本。干清粪工艺的主要方法是，粪尿分离，干粪由机械或人工收集、清扫、运走，尿及冲洗水则从下水道流出，分别进行处理。

缺点：工人工作强度大，环境差，工作效率低，劳动成本高。人工清粪方式在我国的大部分地区的家庭式养殖户中广泛采用。

2. 机械清粪

机械清粪是利用机械将猪粪便从舍内清运出去。往往采用专用的机械设备，如链式刮板清粪机和往复式刮板清粪机等机械。

优点：劳动强度低，工效高，节省劳力，水费用低，能简化后续粪便处理工作。

缺点：一次性投资较大，运行维护费用较高，而且我国目前生产的清粪机在使用可靠性方面还存在欠缺，故障发生率较高，此外，清粪机工作噪声较大，不利于猪的生长。

3. 水冲清粪

水冲清粪工艺是20世纪80年代从国外引进规模化养猪技术和管理方法时采用的主要清粪模式。目前该工艺在发达国家已逐步淘汰，在2018年农业部办公厅关于印发《畜禽规模养殖场粪污资源化利用设施建设规范（试行）》的通知中的第五条也提到，鼓励水冲粪工艺改造为干清粪或水泡粪。采用水泡粪工艺的，要控制用水量，减少粪污产生总量。并规定了不同畜种不同清粪工艺允许的最高排水量。该工艺的主要目的是及时、有效地清除畜舍内的粪便、尿液，保持畜舍环境卫生，减少粪污清理过程中的劳动力投入，提高养殖场自动化管理水平。猪排放的粪、尿和污水混合进入粪沟，每天数次放水冲洗，粪水顺粪沟流入粪便主干沟或附近的集污池内，用排污泵经管道输送到粪污处理区。

水冲清粪是每天多次用水将粪污冲出舍外。将水储存在水箱或管道中，定时地冲洗粪沟，将猪的粪便冲入储粪坑。在猪舍缝隙地板的下面有纵向粪尿沟，沟底坡度为1%，以使粪液能够顺利地流动，在粪尿沟的侧壁上装有水管和冲洗喷头，喷头朝着流动方向，每隔8~10m安装一个。在猪舍清扫之后，向粪尿沟内放水冲洗1~2次，冲洗水压为392.3kPa，每次冲洗时间为1.5~2min。常用设备是自动冲水器。

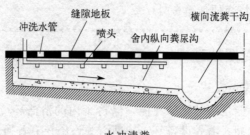

水冲清粪

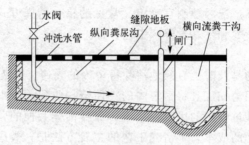

沉淀闸门式水冲清粪系统

优点：设备简单，投资较少，劳动强度小，劳动效率高，工作可靠故障少，易于保持舍内卫生。

缺点：水量消耗大（如每头猪日耗水量达15~20L），舍内湿度大，产生污水多，流出的粪便为液态，粪便处理难度大，也给粪便资源化利用造成困难。在水源不足或在没有足够农田消纳污水的地方不宜采用。经固液分离出的固体部分养分含量低，肥料价值低。

4. 水泡清粪

水泡清粪工艺是在水冲粪工艺的基础上改造而来的。工艺流程是在猪舍内的排粪沟中注入一定量的水，粪尿、冲洗和饲养管理用水一并排入漏缝地板下的粪沟中，储存一定时间（一般为1~2个月）。待粪沟装满后，打开出口的闸门，将沟中粪污排出，流入粪便主干沟或经过虹吸管道，进入地下储粪池或用泵抽吸到地面储粪池。

优点：可保持猪舍内的环境清洁，有利于动物健康。劳动强度小，劳动效率高，有利于养殖场工人健康，比水冲粪工艺节省用水。

缺点：由于粪便长时间在猪舍中停留，形成厌氧发酵，产生大量的有害气体，如H_2S（硫化氢），CH_4（甲烷）等，恶化舍内空气环境，危及动物和饲养人员的健康，需要配套相应的通风设施。更主要的是，粪中可溶性有机物溶于水，使水中污染物浓度增高，增加了污水处理难度，固体部分养分含量低。

根据上述所用设备不同可分为截流阀门式、沉淀闸门式和连续自流式3种。下面以沉淀闸门式为例简要说明。

沉淀闸门式水冲清粪系统的纵向粪尿沟一般上部宽60~70cm，始端深度为60~70cm，并有冲洗水管伸向沟底，沟底有0.5%~1%的坡度；沟的末端设有闸门，闸启闭应灵活、封闭要严密。

工作时首先关严闸门，然后向沟内放水 5～10cm 深，猪的粪便通过缝隙地板落入沟内。每隔 3～4 天打开闸门，同时将粪尿始端冲洗水管的阀门打开，放水冲洗粪尿沟，混合物流入横向粪尿沟内，最后流入储粪池。然后，关闭闸门，再向粪尿沟内放水 5～10cm 深。

5. 生态发酵床工艺

生态发酵床养殖是指综合利用微生物学、生态学、发酵工程学、热力学原理，以活性功能微生物作为物质能量转换中枢的一种生态养殖模式。该技术的核心在于利用活性强大的有益功能微生物复合菌群，长期、持续和稳定地将动物粪尿废弃物转化为有用物质与能量，同时实现将畜禽粪尿完全降解的无污染、零排放目标，是当今国际上一种最新的生态环保型养殖模式。

优点：节约清粪设备需要的水电费用，节约取暖费用，地面松软能够满足猪的拱食习惯，有利于猪只的身心健康。

缺点：粪便需要人工填埋，物料需要定期翻倒，劳动量大；温湿度不易控制；饲养密度小，使生产成本提高。不适于规模猪场。

不同粪污收集工艺的比较

清粪工艺	耗水	耗电	耗工	维护费用	投资	粪污后处理难易度	舍内环境
人工清粪	少	多	中	高	高	易	中
机械清粪	少	多	中	高	高	易	中
水冲清粪	多	少	少	少	中	难	好
水泡清粪	中	中	少	少	高	难	差
生态发酵	少	少	多	高	中	易	中

二、地面地板与清粪

猪舍内的地板和清粪有密切的关系，是清粪工作的重要辅助设施。常用的有以下几种。

1. 普通地面

整体地面是用混凝土麻面抹平，一端是喂食槽，另一端是宽 25～30cm 的向一个方向或居中的带有 3‰坡度的粪尿沟，用于人工清理粪便。这种清粪方式适用于家庭农场形式。

2. 普通地板

猪舍的普通地板常由混凝土砌成，一般厚 10cm。地面应向沟或向缝隙地板有 4°～8°的坡度，以便于尿液的流动，也便于用水清洗。

3. 缝隙地板

缝隙地板是 20 世纪 60 年代开始流行的一种畜禽舍地板，目前，已广泛应用于机械化畜禽场。常见的缝隙地板材料有混凝土、钢材和塑料等。

① 混凝土缝隙地板常用于大牲畜如成年的猪和牛。一般由若干栅条组成一个整体，每根栅条为倒置的梯形断面，内部的上下有两根加强的钢筋，上面两侧制成圆角以减少牲畜足部的损伤。混凝土缝隙地板坚固耐用，是目前常用的形式。

② 钢制缝隙地板有带孔型材（用于小家畜）、特制网状钢板（用于小家畜）、镀锌钢丝的编织网（用于仔猪和家禽）三种。钢制缝隙地板寿命比较短，每 2～4 年涂上环

水泥制缝隙地板

钢制缝隙地板

氧树脂可延长其寿命。

③ 塑料缝隙地板常制成带孔型材，常用于分娩母猪舍和仔猪舍，它体轻价廉，但易引起牲畜的滑跌。

三、粪便处理方式

根据猪的粪便处理形态常用的有液态处理和固态处理两种。

1. 液态粪污处理

液态粪污处理常用的有固液分离设备、生物处理塘、氧化沟和沼气池等。其优点是劳动消耗少，有些设施如厌氧生物塘等耗能也少，缺点是耗水量大，占地面积大，液粪容量大，输送困难。

2. 固态粪污处理

固态粪污处理大多应用的是好氧发酵工艺，主要有塔式发酵干燥、旋耕式浅槽发酵干燥及螺旋式深槽发酵干燥等多种形式，尤以采用深槽发酵形式居多。固态处理优点是节约水，工艺流程短，设施紧凑，占地面积小，缺点是劳动消耗量相对较大。

 技能训练

完成《实践技能训练手册》中技能训练单19。

项目二　清粪设备的安装与操作

【情境导入】

群众向环保部门举报，本村养猪场周围臭气熏天，污染环境，影响居民生活。根据群众所反映问题，进行了调查核实。经查，臭味系本村周边某猪场内的猪粪排泄物的处理机器发生故障致使外溢所致。

环保部门要求立即清理堆放的粪污，做到日产日清，严禁向场区外或者在场区内堆放粪污；做到防雨、防渗、防溢流，畜禽粪污等废弃物必须进行无害化处理并达标，养殖污水通过氧化塘储存或厌氧发酵进行无害化处理，在作物收获后或播种前作为底肥施用，以提高粪污资源化的综合利用；加强对养殖场的定期消毒；建立健全畜禽粪污处理台账。相关部门要求，养殖户整改合格后才能进行养殖，并表示在今后加强跟踪督查。

场内处理猪粪排泄物的机器发生故障，致使粪污无法被及时处理并产生外溢，造成环境污染，因此，生产中要选择能满足场内排放量的粪污处理设备，时刻注意场内粪污处理设备的维修与保养。

学习目标

1. 知识目标
- 掌握各清粪机的结构、工作原理和安装方法。

2. 能力目标
- 能够根据猪场需求，选择合适的清粪设备型号和规格；
- 能够独立完成清粪设备的安装和调试，并解决常见问题；
- 能够根据猪场实际情况，合理应用清粪设备，提高猪场生产效率和环保水平。

3. 素质目标
- 树立责任意识和环保意识；
- 培养严谨的逻辑思维；
- 能够不断更新知识和技术，提高自己的专业素养和综合能力。

知识储备

一、铲式清粪机操作

铲式清粪机是一台现代化的机械，我们不能组装主要的零部件，只能熟练掌握该机的操作，如图 6-2-1 所示。

1. 驾驶员需注意的事项

在进行驾驶与操纵作业之前，应熟悉装载机的结构、技术保养、操作方法等，才能保证安全行驶与作业，提高装载机的寿命与生产率。在进行驾驶与作业操作时应注意以下安全事项：

① 驾驶员必须经过专门训练、交通规则、机械结构、操作方法等的学习，并仔细阅读使用说明书。

② 新车必须按规定进行磨合运转后方可投入正常工作。

③ 使用规定的柴油、液压油和润滑油，并在加油前进行充分的沉淀和过滤。

④ 不准用高速挡起步，以免损坏离合器和其他传动件。

⑤ 下坡时不宜高速行驶，禁止空挡滑坡。

⑥ 寒冷季节地区装载机停车不用时，应放尽发动机水箱中的冷却水，以免冻裂。

⑦ 行驶时除驾驶室内，任何地方不许乘坐人员。

⑧ 随时注意仪表所反映的各种工作状态。

⑨ 作业时严禁人员在动臂和铲斗下走动。

⑩ 发动机熄火时立即停车，以防转向失灵造成事故。

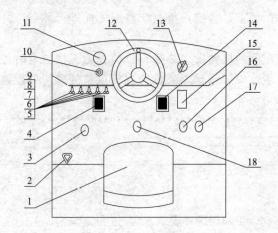

图 6-2-1　装载机操纵机构及仪表布置

1—座椅；2—减压操纵杆；3—高低挡操纵手柄；4—离合器踏板；
5—液压散热器开关；6—雨刮开关；7—驾驶室风扇开关；
8—雾灯开关；9—大灯开关；10—转向灯开关；11—电流表；
12—方向盘；13—点火锁；14—刹车踏板；15—加速踏板；
16—动臂升降操纵杆；17—卸料操纵杆；18—变速箱操纵杆

2. 铲式清粪机操作

(1) 新车走合

① 新车使用时，必须进行试运转，未经试运转的新车不得直接在正式作业中使用。

② 试运转能使机器各摩擦部位进行磨合。避免故障，从而保证装载机可靠地工作。

③ 本规定同样适用于经过大修后的装载机。

④ 新车试运转分空车试运转和作业试运转两步进行。

(2) 空车试运转（约 8h）

① 方法：a. 按规定的方法启动柴油机，启动后低速空转（不挂挡）5min 以上，然后逐渐加速到最高转速运转 10min。b. 操作工作装置动臂操纵杆和翻斗纵杆，使动臂提升、下降，铲斗倾翻和收斗，约进行 10min。c. 挂上前进挡、后退挡、空车行驶。先低速后高速，

每挡位均匀安排。

② 检查项目：a. 全面检查各部位螺栓、螺母紧固情况。特别是气缸盖螺栓、排气管螺栓及前后驱动桥固定螺栓、轮毂螺母、传动轴连接螺栓等均应检查一次。b. 检查变速箱的油位。c. 发动机、变速箱、驱动桥等部件有无异常声响。d. 工作装置液压系统、变速箱、发动机的润滑系统、制动系统、发动机的水冷系统等有无漏油、漏水现象。e. 各仪表读数是否正常。f. 转向是否灵活，制动是否灵敏可靠。g. 工作装置动作过程中，有无卡滞现象。h. 检查电器的工作情况。

（3）作业试运转（约20h）

① 按作业操纵方法进行作业，装料量应逐渐增加。

② 作业试运转过程，除检查空车试运转的检查项目外，还要观察装载机在处理不同物料时的铲装能力。

③ 在走合期内装载质量不得超过额定载重的70%，行驶速度不得超过最高速度的70%。

④ 在走合期内以铲装疏松物料为宜，动作不得过猛过急。

（4）装载机的使用注意事项

① 添加的柴油必须清洁，柴油标号应符合规定的质量要求。

② 工作装置液压系统使用的液压油必须清洁。

③ 按规定进行定期保养和润滑。

④ 发动机启动后，进行空运转，待水温达到55℃后再起步行驶。

⑤ 当操纵动臂与转斗达到需要位置后，应将操纵杆置于中间位置。

⑥ 不得将铲斗提升到最高位置运输物料，运载物料时应保持料斗底面离地300mm，以保持稳定行驶。

启动：

进行出车前检查，确认各部件均属于正常后启动发动机。启动前应将各操纵杆置于中立位置，然后将钥匙插入电锁，顺时针方向转动至第二挡位置，踏下油门，然后启动发动机。若遇冬天温度低的时候，应将冷却水放出，另加热水或开水启动。启动时，应注意观察发动机油压，控制油门，防止发动机烧瓦。一次启动时间5~15s，若超过时间尚不能启动，则应停止，待1min后再作第二次启动。如连续三次以上仍无启动。应检查原因排除故障后再启动。

（5）启动与行驶

发动机启动后应在怠速油门下进行暖机，并密切注意机油压力表的指示。同时检查柴油机及其他系统有无异常现象。各部位都正常后，将铲头并至运输位置，先挂前进挡，慢慢地踏下加速踏板，装载机即可行驶，然后视其道路和作业情况来选择合适的挡位和油门进行行驶和作业。

（6）停车与熄火

发动机停机前，应怠速转动2~3min，以便各部均匀冷却。冬季停车后应及时拧开发动机放水阀，放净冷却系统中全部积水，防止机动车件冻裂。当环境温度降到-20℃以下时，应将蓄电池取下，搬入暖室以免冻裂。另外，要注意停车前应将铲斗平放至地面，关闭电源。

（7）作业操纵

作业操纵与司机的操作熟练程度有关，不同熟练程度的司机有不同的作业操作方式。下面介绍的装载作业方法，仅供参考。使用该机的驾驶员可在作业操作实践中自行掌握，不断改进和总结操作方法,以提高装载作业的生产效率和设备的使用寿命。

铲装作业:①以1挡的速度正对料堆前进,动臂下铰接点距地面约250mm,铲斗斗底与地平面部分地面平行(也可边前进边放下铲斗)。②在距离料堆1~1.5m处,放下动臂、转斗,使铲斗刀刃接地,铲斗斗底与地平面成37°角切进料堆。③踩下油门使铲头全力切近料堆,并间断地操纵铲斗后倾和动臂提升,直至铲斗装满为止。④当铲斗装满后铲料上翻,把动臂提升到适当的高度,然后让动臂操纵杆回到中间位置。⑤装满铲斗后,松开油门,使发动机转速降低,挂上倒退挡,再慢慢加大油门,将装载机退出料堆。⑥驶向卸料点或运输车辆。若因路面过软或场地未经平整,不能用载重汽车协助时,或因运距在500m以内,须自行转动时,在驶向卸料点时,把铲斗放到运输位置,以保证运输安全平稳。

二、往复式刮板清粪机的安装

刮粪机包括支架、绳索、与绳索连接的刮板、带绳索的滑轮和驱动轮。滑轮和驱动轮分别安装在支架上,驱动轮上设有摇杆。滑轮分为导向滑轮、二导向滑轮和固定滑轮,驱动轮上设有与驱动轮相邻的轮,轮配合的拉绳穿过驱动轮和轮呈"S"形,调节装置悬挂在束带上,并位于固定滑轮的前端。刮板由精控机床制作,不变形;特别加厚刮板保证了刮粪机使用寿命较长;电机和减速机直连式结构,体积小,操作简单方便。

1. 地沟设计

地沟设计成一头深一头浅,深的那边一般设计成30~35cm,是出粪和固定主机的地方,浅的那边一般设计成16~18cm,这样便于清理时,水往一头流,另外便于主机隐藏于地下。

2. 主机安装

主机安装应挖成1m×1m×0.7m左右的坑,然后使用混凝土浇筑,浇筑时打上预埋铁,浇完后,上平面应比地沟底面低12~13cm。

安装主机时,可用电焊点上几点,也可使用大号膨胀螺栓连接固定。

3. 转角轮安装

安装转角轮时千万要注意,绳子绕的轮槽边是中心,不是转向轮的轴中心,如果中心找错了,刮粪时刮粪板将跑偏不稳定。中心找好后用混凝土浇筑,浇筑至转向轮轴露出来4cm即可。转向轮高度,从沟底往上量20cm,水泥墩60cm×60cm。

4. 绕绳

绕绳的时候,应先把绳子一头在主机两个绕绳轮上绕满,然后再把转向轮绕上。最后在一个刮粪板上扣死即可。

5. 紧绳

紧绳时应该有两个人,一个人把着开关,另一个人把绳子从刮粪板架子上绕过去,然后把绳子头固定在转向轮的轴上,然后一个人拉绳子,一个人开开关,主机把绳子拉紧即可。

6. 安装注意事项

① 以绳子或链条中心线为基准。

② 保证各个转角处转角轮中心位置的线性度、垂直度。

③ 缓冲弹簧的端头应朝下。

④ 电机轴和传动链轮的接触面及连接螺栓需打黄油后再安装,方便日后维修拆卸。

⑤ 电气安装:规范操作,接线牢固,设备必须使用真正地线接地,通电之前认真核对。

7. 往复式刮板清粪机的准备与操作

（1）往复式刮板清粪机操作前技术状态检查

① 检查操作人员进入养殖区时是否更换工作服、工作帽、绝缘鞋等防护用品，并进行淋浴消毒。

② 检查机电共性技术状态。

③ 检查电源是否有可靠的接地保护线及漏电、触电保护器（空气开关）等保护设施。

④ 检查电源、电控柜指示灯是否正常和线路连接是否良好，是否有破损。

⑤ 检查行程开关有无机械性损坏，工作是否灵敏可靠。

⑥ 检查所有传动部件是否组装正确，有无松动。

⑦ 检查驱动装置、钢丝绳、刮粪板等所有螺栓和紧固件是否锁紧牢固可靠。

⑧ 检查所有需要润滑部件是否加注润滑油。检查减速器的油位情况，从油镜中应能看到润滑油。

⑨ 检查电动机、减速机等转向是否正确，运转时各部件无异常响声，如有应立即停机检查。

⑩ 检查主动绳轮和被动绳轮槽是否对齐，牵引绳有无出槽重叠、绳轮槽内是否干净。检查转角轮是否保持水平位置，固定是否坚实稳固。检查牵引绳磨损程度、松紧程度、表面干净程度。点动检查牵引绳是否运转良好，无抖动现象。

⑪ 检查联轴器对中性是否良好，误差不得大于所用联轴器的许用补偿。

⑫ 检查传动带松紧度是否合适，过松或过紧应调节。

⑬ 检查粪道是否有障碍物。粪沟内水泥地面无破损、坑洼现象、局部粪便清不净现象。冬季检查粪道内是否有结冰现象。

⑭ 检查刮粪板下端有无缺损，是否刮净粪沟。

⑮ 点动检查刮粪板是否起落灵活，与粪沟地面、粪沟两侧有无卡碰现象，检查底部刮粪橡胶条磨损情况。

⑯ 检查刮粪板回程时离地间隙是否符合设备要求，一般为80～120mm。

（2）往复式刮板清粪机操作

① 检查机具技术状态符合要求后，开启倒顺开关，驱动电机，系统即进入工作状态。

② 人工定期清理刮粪板及首尾两端的清粪死区。

③ 检查刮粪板是否能畅通无阻地移动，而不会碰到突出的地板或螺栓头等。

④ 完成工作后要按下停止按钮，并应切断电源。

（3）往复式刮板清粪机操作注意事项

① 操作电控装置时应小心谨慎，防止电击伤人。

② 刮板工作时，前进方向上严禁站人。

③ 操作面板的设置不允许非技术人员任意修改。严禁提高刮粪板行走速度。

④ 出现异常响声，要立即停机，切断电源后进行维修，禁止带电维修。

⑤ 在寒冷地方必须安装防冻保护。如刮板等已冻住，首先应除掉电机、转角轮上附着的粪便，如果设备依然冻结，应用热水或盐水解冻后才能重新启动电机。

⑥ 更换电路过载保护装置时，应严格按照使用说明书配置，不得随意提高过载保护装置过载能力。

 技能训练

完成《实践技能训练手册》中技能训练单20。

项目三 清粪设备的维护

【情境导入】

某猪场采用往复式刮板清粪机,刮板清粪不彻底。

原因分析:①刮板与地面角度设计不合理;②粪沟地面不平,导致粪污不能够被完全清理。

处理方法:①调整刮粪板角度,使之与地面呈 45°角后,再实施刮粪;②对粪沟地面不平之处进行找平。

在猪场利用往复式刮板清粪机清粪时,要注意刮粪板与粪沟地面形成的角度呈 30°~45°,并且粪沟地面应平整略有坡度。

畜禽规模养殖场粪污资源化利用设施建设规范(试行)

 学习目标

1. 知识目标
- 能够说明不同设备的正常保养与故障排除方法;
- 掌握各清粪机的常见故障发生的原因。

2. 能力目标
- 根据各类型清粪机的结构特点,对各类型清粪机进行日常维护与调整;
- 根据设备的运转异响情况,能够正确找出故障并排除;
- 能够根据不同的需求对清粪设备进行优化和改进。

3. 素质目标
- 树立责任意识和安全意识;
- 提升实践能力与团队协作精神;
- 具备创新思维能力,能够根据不同的需求对清粪设备进行优化和改进。

 知识储备

一、装载机的维护保养

装载机的作业条件工作环境较为恶劣,经常在不平坦的施工现场作业,各零件易受到强烈的振动或碰撞,使机器零件松动或损坏,因而为保证装载机的良好性能,正常运转,延长使用寿命,除了必须熟悉机器各部分构造外,还需要按要求定期检查机器的技术状况,并认真地进行技术保养。清洁悬挂铲和拖拉机;检查发动机加注燃油、润滑油、冷却水等,不足则添加;定期检查调整拖拉机的气门间隙、离合器间隙、制动间隙和轮胎气压等;定期检查紧固各部件连接螺栓;定期维护保养电气和液压系统;定期进行拖拉机的一级、二级、三级维护。

1. 例行保养

在每班作业前后及运转中进行,对正常运转和减少事故极为重要。作业前、后机器外露部位保持整洁。

① 检查紧固件有无松动、丢失，并予以拧紧和补齐。
② 各部位机件有无损坏。
③ 检查各润滑处是否加足润滑油。
④ 检查燃油箱、液压油箱、制动油壶油位，油位高度必须符合要求。
⑤ 发动机冷却水是否加足。
⑥ 检查电气系统的线接头有无松脱，蓄电池的电量是否足够。
⑦ 检查各仪表、灯泡是否完整、良好。
⑧ 检查各操纵手柄是否灵活、可靠。
⑨ 起步后检查有无漏油、漏水情况，有无异常的声响。
⑩ 制动是否可靠，转向是否灵活。

2. 定期保养

每周技术保养（约工作 50h 后）除例行保养项目外，还需要进行下列项目。检查制动踏板的行程是否符合要求，如不符合则予以调整。紧固前、后传动轴连接螺栓，驱动桥连接螺栓、轮毂螺栓、制动盘和轴承盖螺栓。检查蓄电池单格内的液面高度和电液相对密度（15℃时相对密度为 1.24～1.27），如不足则予以补加蒸馏水和充电。对各销轴处的注油嘴压注钙基润滑脂。

每月技术保养（约 200h 后）除每周技术保养项目外，还需补加以下项目：测量轮胎气压。轮胎标准充气压力为 0.3MPa，如不足应予以补气。清洗燃油、液压油的滤清器。检查制动系统有无漏油或损坏。检查并拧紧轮毂螺栓、制动盘和轴承盖螺栓。

每季度技术保养（约 600h）检查多路阀、各油缸的漏损情况，若有严重到使工作装置出现下降现象，则应修理排除。检查制动总泵皮碗有无破损。调整轮毂轴承间隙，并且制动盘外端面跳动小于 0.20mm。

每半年技术保养（约工作 1200h 后）除每周、每月、每季度技术保养项目外，还需要补充以下项目：更换全部燃油及油路系统用油、液压系统用油、变速箱、前后桥的齿轮油及刹车油等，并把管道、油管、滤清器等清洗干净，然后注入经过净化的新油。拆洗制动总泵、检查制动效果。检查前后桥、主传动器齿轮啮合情况，若主、从动锥齿轮的齿轮间隙过大，则应予以调整到 0.2～0.4mm 以内。检查工作装置和机架，有无变形、焊缝开裂现象。

3. 常见故障及排除方法

装载机常见故障与排除方法，见表 6-3-1。

表 6-3-1 装载机常见故障与排除方法

故障名称	原因分析	排除方法
离合器接合时打滑	1. 踏板自由行程过小 2. 压力弹簧软弱 3. 摩擦片表面有油污 4. 摩擦片磨损严重	1. 重新调整 2. 更换压力弹簧 3. 清洗 4. 更换摩擦片
离合器接合时发抖	1. 花键磨损过大 2. 各紧固螺栓松动 3. 摩擦面有油脂 4. 分离杠杆调整不均	1. 更换离合器轴 2. 紧固 3. 清洗 4. 重新调整
离合器不易分离	1. 踏板自由行程过大 2. 分离杠杆调整不当	1. 重新调整 2. 重新调整

续表

故障名称	原因分析	排除方法
变速箱有响声	1. 齿轮磨损严重,齿的侧隙过大 2. 轴承磨损严重 3. 各紧固螺栓松动 4. 润滑油不足 5. 齿轮与轴的花键过分磨损	1. 更换齿轮 2. 更换轴承 3. 紧固 4. 补充润滑油 5. 更换齿轮或轴
变速箱时常跳挡	1. 拨叉轴定位弹簧软弱或失效 2. 拨叉轴定位槽磨损严重 3. 内外花键磨损	1. 更换弹簧 2. 更换拨叉轴 3. 更换齿轮或轴
变速箱换挡不灵活	齿轮齿端碰毛	修去毛刺或更换齿轮
驱动桥行驶时有响声	1. 主减速齿轮啮合点不好 2. 轴承磨损严重或松动 3. 齿轮磨损严重	1. 调整或更改锥齿轮 2. 更换轴承或调整 3. 更换齿轮
驱动桥制动时发响	1. 制动底板弯曲 2. 制动摩擦衬片铆钉松动 3. 制动鼓损坏	1. 修复或更换 2. 修理 3. 修理或更换
驱动桥制动时车子跑偏	1. 制动蹄片表面有油 2. 间隙调整不当 3. 轮胎气压不合标准	1. 清洗 2. 重新调整 3. 使气压一致
驱动桥制动不灵	1. 制动鼓与制动蹄片间隙调整不当 2. 有油污 3. 制动摩擦衬片磨损严重	1. 重新调整 2. 清洗 3. 更换
方向盘慢转轻、快转沉	供油不足	调整分流阀、优先阀
转身无力	工作压力油压力低	调整优先阀、溢流阀
转动方向盘油缸不动	系统中有空气或油量不足	排除空气或补充油
动臂提升力不足或转斗力不足	1. 安全阀调整不当,系统压力低 2. 吸油管及滤油器堵塞 3. 油泵、油缸、管路内漏 4. 多路阀过度磨损,阀杆与阀体配合间隙超过规定	1. 按规定值调整系统工作压力 2. 清洗换油 3. 更换油泵并按自然沉降量检查系统密封性 4. 更换多路阀
系统工作性能降低或不稳定	1. 工作油变质 2. 异物堵塞管路 3. 滤油器堵塞或损坏 4. 系统内有空气	1. 更换工作油 2. 清洗油路系统和油箱 3. 清洗或更换 4. 检查进油系统有无漏气
动臂举升后自行下沉	1. 动臂油缸内漏 2. 多路阀阀杆间隙过大	1. 拆修油缸、更换密封圈 2. 拆修或更换
油温过高	1. 带负荷工作时间过长 2. 油量不足	1. 停机休息或减少负荷 2. 加油到规定油位
方向盘回位后继续转向	1. 转向器内回位弹簧片损坏 2. 配油套和配油轴之间卡死或配油套与阀体之间卡死	1. 拆修更换弹簧片 2. 拆开转向器修复
脚制动力不足	1. 制动分泵漏油 2. 制动液压管路中有空气 3. 制动总泵皮碗损坏 4. 制动总泵油液不足 5. 推杆行程调节不当 6. 制动摩擦片磨损到极限	1. 更换分泵油封 2. 排除空气 3. 更换皮碗 4. 加油 5. 调整行程 6. 更换新制动摩擦片

续表

故障名称	原因分析	排除方法
发动机正常而蓄电池不充电或充电率低	1. 蓄电池极板硫化 2. 发电机传动带过松或损坏 3. 接线不牢,接触不良 4. 调节器调节不当或有损坏	1. 脱硫处理或更换极板 2. 重新调整或更换 3. 检查并清除之 4. 重新调整或修理
蓄电池容量不足	1. 电解液密度或液面过低 2. 极板间短路 3. 极板硫化 4. 导线接触不良 5. 极板活性物质脱落	1. 重新调整密度或添加电解液 2. 消除沉淀物,更换电解液 3. 脱硫处理或更换极板 4. 检查并消除之 5. 更换极板
发电机不发电	1. 剩磁消失 2. 磁场线圈回路断 3. 整流子接触不良 4. 电刷卡住不灵活 5. 电枢匝间短路	1. 按发电机原来极性,用蓄电池 2. 接于磁场线圈两端并接通 3. 用0号或00号砂纸磨光 4. 修正电刷尺寸,调整弹簧压力 5. 检查并修复

二、往复式刮板清粪机的技术维护

① 经常检查控制系统与安全系统的使用可靠性。
② 经常清除刮粪板上的残余物,以延长机具的使用寿命。
③ 清洁盒内每半月应清理一次,并加入46♯机械油。
④ 驱动系统的链条部分每月涂抹一次黄油(3号锂基润滑脂),各轴承处每3个月加一次润滑脂,减速器一般每6个月加一次润滑油。
⑤ 定期检查调整传动链条或传动带的张紧度。
⑥ 整机系统每6个月进行一次停机维修。
⑦ 按保养说明书要求定期保养电动机与蜗杆减速机。
⑧ 当自动粪便带靠近头端被动辊的边缘时,可以通过拧紧张紧杆上的螺栓来调节。当清洁带向后移动三分之一时,应该适当放松螺栓,以防止排便回头。
⑨ 当清理带远离被动辊的边缘时,可松开张紧链,用手将清洁带移至被动辊的中间,然后将张紧链安装在链轮上,将其拧紧。可以移动六角轴,直到拧紧张紧杆上的螺栓。
⑩ 使用排便带一段时间后,会出现排便带松动的现象,要切断一段再重新焊接。要买超声波塑料焊机。焊接时,两端应对齐,不得歪斜。
⑪ 尾端偏差比较小,主要原因是橡胶辊没有压紧。如果偏差反转,可以通过调整外侧螺栓的松紧度来调整,然后按下橡胶辊。如果卷带,则在调整螺栓后按下橡胶辊,然后在操作过程中使用棒来展开大辊前辊的扁平条带,胶带缠绕问题自然就解决了。
⑫ 每月定期检查轴承和橡胶辊。轴承应定期润滑。
⑬ 卧式自动清洗机的维护与装载输送机的维护相同。

 技能训练

完成《实践技能训练手册》中技能训练单21。

练一练

（一）填空题

1. 猪场的清粪方式有（　　）、（　　）、（　　）、（　　）。
2. 根据猪的粪便处理形态常用的有（　　）和（　　）两种。

（二）判断题

1. 水冲清粪应逐渐淘汰，鼓励水冲粪工艺改造为干清粪或水泡粪。采用水泡粪工艺的，要控制用水量，减少粪污产生总量。（　　）
2. 清粪机的链子和刮板一般用不锈钢制造能达到较好的防腐效果。（　　）
3. 水泡粪清粪工艺是在水冲粪工艺的基础上改造而来的。（　　）

（三）简答题

1. 水泡清粪的优缺点有哪些？
2. 简述往复式刮板清粪机的维护方法。

模块七　无害化处理设备

根据党的二十大精神"坚持绿水青山就是金山银山的理念，全方位、全地域、全过程加强生态环境保护"。防治污染，保护生态环境。为了祖国的天更蓝、山更绿、水更清，猪场的无害化处理就显得尤为重要。目前猪场无害化处理是猪场日常管理非常重要的工作，完整的无害化处理系统可以有效避免造成环境污染和疫病流行，提升猪场的环境卫生，体现环境"绿色、生态、循环"的理念。作为猪场管理者，要对猪场各种生物垃圾的处置，选择最适合本猪场的无害化处理系统。

项目一　无害化处理设备的识别

【情境导入】

某农业职业技术学院畜牧兽医专业的小刘同学利用暑假勤工俭学，经老师介绍到某养殖有限公司实习。小刘同学刚来的第一天师傅就领他参观无害化处理设备。由于在学校没有接触过相关的设备，小刘一脸迷茫，问师傅："我听说咱厂的设备挺多，但是没想到有这么大的，看着都吓人。我没学过也没操作过呀。""不要着急，你都会学到的。"带着茫然和期待，小刘跟着师傅继续见识到了一台又一台的机器。

刚踏入实习大门的你，也想了解一下吧，那就跟随小刘一起来认识一下吧。

 学习目标

1. 知识目标
- 识别无害化处理的分类、功能及每种处理常用的设备。

2. 能力目标
- 能够根据各种不同设备的特点，根据饲养规模的不同，选择适合本猪场的无害化处理设备。

3. 素质目标
- 树立安全意识和环保意识；
- 加强污染源头防控，开展污染物治理；
- 培养团队协作精神和创新意识。

 知识储备

猪场无害化处理基本分为三种：粪便处理、污水处理、尸体及胎盘处理。

一、粪污处理设备

猪场固态粪便处理，一般是将猪粪晒干后（或烘干）做垫料和进行好氧堆肥发酵处理。常用的粪便好氧发酵设备有：塔式发酵干燥（图 7-1-1）、旋耕式浅槽发酵干燥和螺旋式深槽发酵干燥设备（图 7-1-2）等，尤以采用深槽发酵形式居多。

视频：沼气池和发酵池

1. 塔式发酵

其主要工艺流程是把猪粪与锯末等辅料混合，再接入生物菌剂，由提升机将其倒入塔体顶部，同时塔体自动翻动通气，通过翻板翻动使物料逐层下移，利用微生物生长加速猪粪发酵、脱臭。经过一个发酵循环过程后（处理周期 5~7d），从塔体出来的基本是产品。发酵塔进料水分为 55%~60%，发酵塔出料水分为 15%~35%（根据生产控制）。这种模式具有占地面积小，污染小，自动化程度高，从有机物料搅拌接种、进料、铺料、翻料到干燥、出料全部自动运作，并能连续进料、连续出料，工厂化程度高的优点。但现存的问题是：工艺流程运行不畅，造成人工成本大增。设备的腐蚀问题较严重，制约了它的进一步发展。

图 7-1-1 发酵塔

图 7-1-2 螺旋式发酵干燥设备

2. 发酵槽发酵

浅槽发酵干燥和深槽发酵干燥设备均由 3 部分构成，即发酵设备、发酵槽和大棚（温室)。发酵设备放置于发酵槽上,温室(大棚)将二者包容。发酵设备的功能是翻动物料,为好氧发酵提供充足的氧气,并使物料从发酵槽的进料端向出料端移动;发酵槽的功能是储存物料;大棚(温室)的功能是保温和利用太阳能为物料加温,还可以作临时储存用,一是雨水季节,避免了粪水漫流成河,二是农民施肥具有一定的周期性,粪便卖不出去时临时储存。下面以螺旋式深槽发酵干燥设备为例。

3. 螺旋式深槽发酵干燥(图7-1-3)

主要由纵向行走大车、横向移动小车、翻料螺旋、主电缆、液压系统、电控柜组成。多槽使用时,配有转槽装置(也称转运车)。

该设备是利用塑料大棚中形成的温室效应,充分利用太阳能来对粪便进行干燥处理。一般大棚长度为60~90m,宽度根据发酵槽数量确定,发酵槽宽6m左右,两侧为混凝土矮墙,高70cm左右,上面装有导轨,在导轨上装有移动车和搅拌装置,含水率70%左右的粪便从大棚一端卸入槽内,搅拌装置沿导轨在大棚内呈横向和纵向反复行走,翻动、推送粪便,当粪便被推到大棚另一端时,含水

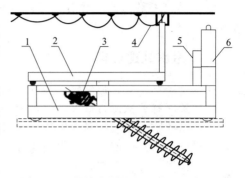

图7-1-3 螺旋式深槽发酵干燥设备结构
1—纵向行走大车;2—横向移动小车;
3—翻料螺旋;4—主电缆;5—液压系统;6—电控柜

率已经降至30%左右,物料在发酵槽中缓慢移动完成发酵过程。整个发酵处理过程在30d左右。当物料充满发酵槽后,每天可以从进料端投入一定量的未发酵物料,从出料端得到发酵的有机肥料产品。利用微生物发酵技术,将猪粪便经过多重发酵,使其完全腐熟,并彻底杀死有害病菌,使粪便成为无臭、完全腐熟的活性有机肥,从而实现猪粪便的资源化、无害化、有机化;同时解决了畜牧场因粪便所产生的环境污染。

螺旋式深槽发酵干燥设备特点是可实现物料的混合、翻搅和出料的全自动操作,替代相关工序的人工操作,改善工作条件,减轻劳动强度。主要特点为:发酵料层深达1.5~1.6m,处理量大;物料含水率调节至50%~60%,发酵最高温度可达70℃左右;发酵干燥周期30~40d,产品含水率为25%~30%;发酵彻底,产品达到无害化要求,无明显臭味;设备自动化程度高,可实现全程智能操作;设备使用寿命长,易损件少,更换方便;节省能源,生产成本低;单槽日处理10~15m,可多槽共用一台设备;利用加温设施,不受天气影响,实现一年四季连续生产。

该设备的螺旋搅拌器具有3个功能:一是将料层底部的物料搅拌翻起并沿螺旋倾斜方向向后抛撒,使物料在运动过程中与空气充分接触,为物料充分发酵补充所需的氧气;二是翻动物料时,可加速水分蒸发;三是可将物料从进料端逐渐向出料端输送。

(1)面板操作按钮和开关的使用

① 总电源开关。位于机箱(面对操作面板)右侧,当该开关处于"合"的位置,强电系统通电。当该开关处于"分"的位置时,强电系统断电。处于手动工作模式时,遇紧急情况可直接将总电源扳到"分"的位置,使系统断电即可。

② 紧急停止按钮。该按钮位于机箱(面对操作面板)左侧,具有机械自锁功能。当系统发生故障或出现紧急情况时,将该按钮按下,系统操作全部停止。当故障排除或紧急情况解除时,操作者须按箭头标识的方向旋至尽头,使该按钮释放,方可继续执行指定的操作。该紧急停止按钮仅对自动、定时、半自动前进、后退起作用。手动时,该按钮无效。

③ 复位按钮。严格说应称为复位/启动按钮,具有初始化逻辑控制模块的作用,控制系统要求每完成一种工作模式的操作后,若重复或更换成其他模块应先给予一次复位。

④ 旋钮开关。用于五种工作模式的选择、定义。对此开关操作前，应先使复位按钮有效。

⑤ 涉及自动工作模式下的按钮。一是复位按钮；二是紧急停止按钮。

⑥ 涉及手动模式下的按钮。

（2）注意事项

① 按钮有效，按钮灯亮；按钮无效，按钮灯熄灭。

② 当人工操作或自动操作到达限位时，均会自动停止，只有反方向的操作才能响应，脱离限位。

二、污水处理设备

养猪场污水主要包括猪尿、部分猪粪和猪舍冲洗水，属高浓度有机污水，而且悬浮物和氨氮含量大。这种未经处理的污水进入自然水体后，使水中固体悬浮物、有机物和微生物含量升高，改变水体的物理、化学和生物群落组成，使水质变坏。污水中还含有大量的病原微生物，将通过水体或通过水生动植物进行扩散传播，危害人畜健康。

视频：污水泵站

污水处理设备有固液分离设备、生物处理塘、氧化沟和沼气池等。

1. 固液分离设备

该设备进行固液分离是利用了两种工作原理：一是利用密度不同进行分离，如沉淀和离心分离。二是利用颗粒尺寸进行分离，如各种振动筛滤式、螺旋挤压式和离心回转式等组合式固液分离设备。

（1）离心分离机

粪污中的水和粪便的密度不同，经过离心分离机的旋转，将产生不同的离心力而分开。分离后粪便的含水率为67%~70%。离心分离机种类较多，图7-1-4所示的是一种典型的卧式螺旋离心分离机。在外罩内设外转筒和内转筒。内转筒上（进料管的外转筒部位）有孔，转筒内设喂入管，被分离的液粪可从喂入管喂入，并通过内转筒的孔进入外转筒。内转筒外有螺旋叶片和外转筒内壁相配合。内转筒和外转筒沿同一方向转动，但内转筒转速比外转筒转速低1.5%~2%。液粪进入外转筒

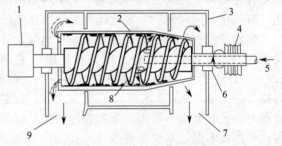

图7-1-4 卧式螺旋离心分离机
1—差速齿轮箱；2—外转筒；3—外壳；4—主驱动轮；
5—进料管；6—轴承；7—固体排出口；
8—螺旋叶片；9—液体排出口

后，在离心力作用下被甩向外转筒内壁。固体颗粒密度较大而沉积在外转筒内壁，并被螺旋叶片推向图中右端的锥形端排出，而液体部分则被进入的液粪挤向图中的左端排出。液粪的通过量愈小，固态部分的含水率也愈小，也即脱水效果越好。

（2）螺旋挤压式固液分离设备

螺旋挤压式固液分离设备由分离筛、螺旋挤压机、控制箱、泵和管道、输送带、液位开关、气动蝶阀、平衡槽等组成。它能将猪粪水分离为液态有机肥和固态有机肥。液态有机肥可直接用于农作物利用吸收；固态有机肥可运到缺肥地区使用，亦可起到改良土壤结构的作用，同时经过发酵可制成有机复合肥。其特点是：体积小，安装维修方便，操作简单，脱水效果好，工作稳定可靠，动力消耗低，费用省，自动化水平高，日处理量大，效率高，全封闭，环保卫生，可连续作业；其关键部件选用不锈钢材料制成，不易腐蚀。

① 分离筛（筛网）。筛网是整套设备里面最主要的部件。其主要作用是把固体和液体进行分离。筛网在每次使用完毕之后，都要采用自动化清洗装置或高压清洗枪进行冲洗，防止细微颗粒物把筛网的空隙堵塞了。

② 螺旋挤压机。该机将经过筛分后的粪污进行挤压，进一步达到固液分离的目的，确保粪的干燥度。挤压后的沼渣含水率小于40%。该机由弹簧式排放门、排水管、料斗、滚动式挤压设备四大部分构成。

③ 配电箱。配电箱控制整个旋转挤压部分。所有受控电路、气路都是由配电箱来完成的。在配电箱里可以完成高、低压的相互转换，还可以实现各种程序的自动化控制。

④ 泵和管道。完整的固液分离系统应配带泵与主机相连的输送管，其安装如图7-1-5所示。将输送管一端套在泵输送口（A口），另一端套在分离机的进料口（A口），并用紧固卡紧固。然后再将排污管连接在分离机的溢料口（B口），另一头放回粪池中。分离后的液体从分离机下面的排水口（C口）排出，由分离液输送管输送到沼气池或沉淀池。

固液分离配套泵的安装位置也要依据泵的压力来计算合适的距离。距离太大会导致粪水混合物输送不到筛网的顶部，而导致设备无法正常运行；如果距离太近会导致管路的压力过大而裂开。要定期地对泵进行维护和保养。

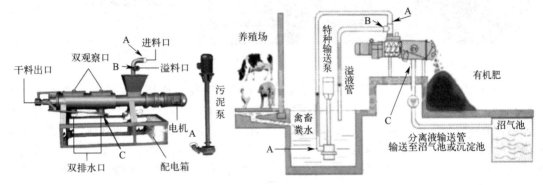

图7-1-5　固液分离机及系统管道安装

输送管的一端与螺旋挤压机的进料口（A口）连接，另一端与污泥泵（A口）连接，C口为分离后液体排出口，将排污管连接此口。另一头连接沼气池或沉淀池。

⑤ 输送带。输送带的作用是把前面两级固液分离的粪渣输送到远处，增大粪渣的储存空间，提高固液分离系统的利用率，其安装倾角为30°。

⑥ 配套工艺设施。

a. 集粪池。其主要功能是收集粪污水，调节水量，保证后续固液分离机的稳定运行。集粪池内安装有搅拌机和切割泵，搅拌机主要是将粪便和污水搅拌均匀，以保证泵输送得顺畅和固液分离机的正常运行。

b. 液位仪。根据集粪池高、中、低液位，使切割泵随池内液位高度实现自动开启或停止，并继而实现固液分离机的自动运行和关闭。液位仪（图7-1-6）包括雷达液位仪、超声波液位仪、磁翻板液位仪、浮球液位仪、射频导纳液位仪等。

c. 潜水搅拌机（图7-1-7）。该设备主要用于对粪污混合液进行混合、搅拌和环流，为切割泵和固液分离机创造良好的运行环境，提高泵送能力，有效阻止粪污中悬浮物在池底的沉积，避免对管路造成阻塞，从而提高整个系统的处理能力和工作效率。搅拌机整体采用铸铁材料，叶轮和提升系统为不锈钢材质，耐腐蚀性强，适合用在杂质含量较高的畜牧场粪污前期处理中。

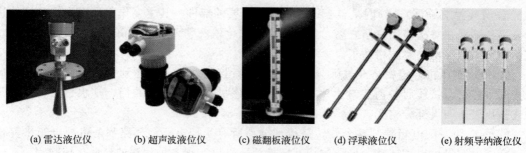

(a) 雷达液位仪　　(b) 超声波液位仪　　(c) 磁翻板液位仪　　(d) 浮球液位仪　　(e) 射频导纳液位仪

图 7-1-6　液位仪

图 7-1-7　潜水搅拌机

d. 切割泵。PIS 系列潜水切割泵配有先进的多流道叶轮，使切割泵能把集粪池中的粪渣、稻草、浮渣、塑料制品以及纤维状物体切碎并顺利抽出，无须人工去清理池中的浮渣和悬浮物，有效降低了管路堵塞的概率，避免了常规处理中定期清理管路的麻烦，节省了人工管理的费用，同时也为固液分离机创造了一个稳定的工作环境。切割泵（图 7-1-8）采用自耦式安装系统。安装、拆卸方便，在不必排空池水的情况下，即可实现设备的安装、检修。

2. 生物处理塘

生物处理塘简称生物塘，是一种利用天然或人工整修的池塘进行液态粪生物处理的构筑物。在塘中，液态粪的有机污染物质通过较长时间的逗留，被塘内生长的微生物氧化分解和稳定化，如图 7-1-9 所示。故生物塘又称氧化塘或稳定塘，如图 7-1-10 所示。

图 7-1-8　切割泵

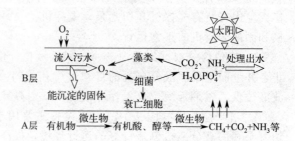

图 7-1-9　生物塘工作原理

图 7-1-10　生物塘

3. 氧化沟

氧化沟主要用于猪舍，往往直接建在猪舍的地面下，如图 7-1-11 所示。液粪先通过条状筛，以防大杂物进入，然后进入氧化沟。氧化沟是一个长的环形沟。沟内装有绕水平轴旋转的滚筒，滚筒浸入液面 7～10cm。滚筒旋转时叶板不断击打液面，使空气充入粪液内。由于滚筒的拨动，液态粪以 0.3m/s 的速度沿环形沟流动，使固体悬浮，加速了好氧型细菌的分解作用。氧化沟处理后的液态物排入沉淀池。沉淀池的上层清液可排出，或在必要时经氯化消毒后排出。沉淀的污泥由泵打入干燥场，或部分泵回氧化沟，有助于氧化沟内有机物的分解。一般情况下，氧化沟内的污泥每年清除 2～4 次。氧化沟处理后的混合液体也可放入储粪池，以便在合适的时间洒入农田。

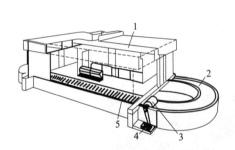

图 7-1-11　氧化沟结构
1—猪舍；2—氧化沟；3—滚筒；
4—电机；5—缝隙地板

图 7-1-12　氧化沟

氧化沟的沟体的平面形状一般呈环形，也可以是长方形、L 形、圆形或其他形状，沟端面形状多为矩形和梯形，如图 7-1-12 所示。

三、尸体及胎盘处理设备

1. 处理原则

① 对因烈性传染病而死的猪必须进行焚化处理。

② 对因一般传染病但用常规消毒方法容易杀灭病原微生物、其他疾病和因伤而死的猪可用深埋法和高温分解法进行处理。

③ 在处理猪的同时，将其排泄物和各种废弃物等一并处理，以免造成环境污染和疫病流行。

④ 病死猪处理设备和设施必须设置在生产区的下风向，并离生产区有足够的卫生防疫

安全的距离。

2. 处理方法

病死猪处理方法主要有深埋处理、腐尸坑、高温分解处理、焚化处理4种。

(1) 深埋处理

深埋处理是传统的病死猪处理方法。具体做法见操作技能。其优点是不需要专门的设备，简单易行。缺点是易造成环境污染。因此，深埋地点应选择远离水源、居民区和道路的僻静地方，并且在养殖场的下风向，离养殖区有一定的距离。要求土质干燥、地下水位低，并避开水流、山洪的冲刷。地面距离尸体上表面的深度不得小于2.0m。

具体操作如下：

① 远离场区的下风地方挖2m以上的深坑。

② 在坑底撒上一层100～200mm厚的生石灰。

③ 然后放上病死猪，每一层猪之间都要撒一层生石灰。

④ 在最上层死猪的上面再撒一层200mm厚的生石灰，最后用土埋实。

(2) 腐尸坑（也称生物热坑）

用于处理在流行病学及兽医卫生学方面具有危险性的病死猪尸体。一般坑深9～10m，内径3～5m，坑底及侧壁用防渗、防腐材料建造。坑口要高出地面，以免雨水进入。腐尸坑内猪尸体不要堆积太满，每层之间撒些生石灰，放入后要将坑口密封一段时间，微生物分解死猪所产生的热量可使坑内温度达到65℃以上。经过4～5个月的高温分解，就可以杀灭病原微生物，尸体腐烂达到无害化，分解物可作为肥料。

(3) 高温分解处理

高温分解法处理病死猪一般是在大型的高温高压蒸汽消毒机（湿化机）中进行，适合于大型的养殖场，如图7-1-13所示。小型养殖场可以选择动物无害化湿化机，如图7-1-14所示。

图7-1-13　高温高压蒸汽消毒机（湿化机）

工作原理：利用高温高压的饱和蒸汽，直接与病死猪尸体接触，将病死猪尸体全部置于高温高压环境中，使油脂融化，蛋白质湿化水解；与此同时，借助高温与高压，将病死猪尸体内携带的病原体全部消灭。处理完成后将物料转化为肉骨粉以及油脂，实现废弃物资源化再利用。

工艺流程如下。

第一步：将病死猪尸体装入湿化框内，然后通过推车运送到化制罐内，关闭化制罐。

第二步：操作人员通过控制中心输入压力、温度和时间参数输入启动命令，操作人员即可离开，设备自动运行。蒸汽发生器启动，产生的蒸汽进入化制机内，达到预先设定的压力

图 7-1-14 动物无害化处理设备

和温度后，进行高温高压化制，对病死猪进行全面灭菌。至预先设定的时间后，设备自动停止运行，蜂鸣式报警器鸣响提醒。

第三步：油水分离。化制完成后，操作员开启排气阀把余气排入除臭器，排气阀关闭后，利用余压将油水混合物排入油水分离设备中，进行物理分离，油脂可以作为工业用油，废水排入动物粪便发酵池或污水处理系统处理。

第四步：处理后物料。开启化制罐门，将化制完毕存有肉骨料的料筐拉出，将骨粉放在通风处进行风干晾干，可以作为有机肥的原料。

（4）焚化处理

病死猪焚化处理一般在焚化炉（图 7-1-15）内进行。通过燃料燃烧，将病死的猪等化为灰烬。这种处理方法能彻底消灭病原微生物，处理快而卫生。

图 7-1-15 焚化炉

【资料卡】 猪粪发酵处理

1. 猪粪便堆肥发酵应具备的基本条件

（1）碳氮比（C/N）

微生物在新陈代谢获得能量和合成细胞的过程中，需要消耗一定量的碳和氮，一般认为堆肥 C/N 比为 25～35 最佳，可在堆肥前应掺入一定量的锯末、碎稻草、秸秆等辅料，同时起到降低水分和使粪便疏松利于通气的作用。锯末碳氮比为 500 左右，稻草为 50 左右，麦秸为 60 左右。

(2) 含水率

猪粪堆肥发酵最合适的含水率为 50%～60%。当含水率低于 30% 时，微生物分解过程就会受到抑制，当含水率高于 70% 时，通气性差，好氧微生物的活动会受到抑制，厌氧微生物的活动加强，产生臭气。

含水率	80%水分	50%水分	30%水分
示意图			
特征	太黏、粘手	可以捏成团，松手不散	太松散、捏不成团

用经验感官判断粪便含水率时的示意图

(3) 温度

堆肥最高温度 75.9℃ 左右，一般保持在 55～65.9℃，可通过调整通风量来控制温度。

(4) 通风供氧

微生物的活动与氧含量密切相关，供氧量的多少影响堆肥速度和质量。堆肥中常用斗式装载机、发酵槽的搅拌机等设备翻动来实现通风供氧，也可通过鼓风机实行强制通风。

(5) 接种剂

接种剂又名猪粪便发酵腐熟剂，其功能是加快粪便发酵速度，快速除臭、腐熟，把粪便变成高效、环保的有机肥。

2. 粪便发酵腐熟度的判定方法

猪粪经过充分发酵腐熟后，由粪便（生粪）转变为有机肥（熟粪），感官判定方法如下：

① 外观蓬松。发酵后物料颗粒变细变小，均匀，呈现疏松的团粒结构，手感松软，不再有黏性。

② 无恶臭，略带肥沃土壤的泥腥味和发酵香味。

③ 不再吸引蚊蝇。

④ 颜色变黑，产品最终成为暗棕色或深褐色。

⑤ 温度自然降低。由于适合真菌的生长，堆肥中出现白色或灰白色菌丝。

⑥ 水分降到 30% 以下，堆肥体积减小 1/3～1/2。

 技能训练

说出不同的无害化处理设备的特点，并结合所学内容完成《实践技能训练手册》中技能训练单 22。

项目二　无害化处理设备的使用与维护

> 【情境导入】
>
> 规模化猪场里的维修技术人员很多；大部分是初级机械维修工，少数是中级维修工。当机器真正出故障时，仅一个简单的螺旋式深槽发酵设备控制面板的拆装，才发现，竟然有许多人不会；所以大型猪场，需要有一定实践经验的高级机械维修工。随着猪场现代科技水平的提升，高新技术的设备会逐渐增多，我们必须尽早学习，熟练操作，增强实践经验，才可以为现代养殖业做贡献。

学习目标

1. 知识目标
- 了解螺旋式深槽发酵干燥设备工作的基本原理和结构；
- 能够描述螺旋式深槽发酵干燥设备、螺旋挤压式固液分离设备的具体作业情况；
- 熟悉无害化处理设备的常见问题及解决方案。

2. 能力目标
- 掌握螺旋式深槽发酵干燥设备的正确使用方法和操作规程；
- 能够分析螺旋式深槽发酵干燥设备、螺旋挤压式固液分离设备故障原因；
- 能够根据各种不同设备的工作原理，能够正确操作无害化处理设备；
- 能够结合设备的结构特点进行简单维修。

3. 素质目标
- 树立高度的责任感和安全意识；
- 培养有理想、敢担当、能吃苦、肯奋斗的新时代好青年；
- 提升实践操作能力、团队合作能力。

知识储备

无害化处理系统设备的使用提高了猪场环境卫生的同时，还能降低人工劳动力投入。但长期的使用中也会出现一些常见的故障问题，这就需要我们提前了解工作原理，掌握设备的构造特点，以及简单的维护与保养，以保证生产正常运行，降低损失。

一、螺旋式深槽发酵干燥设备的使用与维护

1. 工作过程

纵向行走大车放置在发酵槽轨道上，可沿发酵槽轨道纵向移动。横向移动小车安装在纵向行走大车上的轨道上，可以实现翻料螺旋的横向移动。翻料螺旋安装在横向移动小车上，通过纵向行走大车、横向移动小车在纵横两个方向上的移动，可以使翻料螺旋到达发酵槽的任意位置，进行旋转翻料。当含水率 70% 左右的粪便从大棚一端卸入槽内，启动设备后，

纵向、横向行走车按图7-2-1中带箭头的"之"字形行走，线条为翻料螺旋运动轨迹，大箭头为物料移动方向。物料在发酵槽中缓慢移动完成发酵过程。当粪便被推到大棚另一端时，含水率已经降至30%左右，整个发酵处理过程在30d左右。当物料充满发酵槽后，每天可以从进料端投入一定量的未发酵物料，从出料端得到发酵的有机肥料产品。

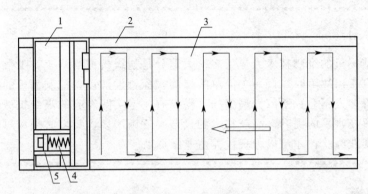

图7-2-1 螺旋式深槽发酵干燥设备运行轨迹
1—纵向行走大车；2—发酵槽轨道；3—发酵槽；4—翻料螺旋；5—横向移动小车

2. 作业前技术状态检查

① 检查机电共性技术状态是否良好。
② 检查压力表状态，确认液压系统技术状态是否正常。
③ 检查固定轨道的地脚螺栓是否牢固可靠并清除轨道上杂物。
④ 检查发酵设备在轨道运行是否平稳，有无噪声，大车移动轮与轨道有无刷蹭、碰撞痕迹。
⑤ 检查电源线在滑轨上有无脱落现象。
⑥ 检查翻料螺旋磨损情况和叶片表面粪污黏结情况。
⑦ 检查纵向行走大车上轨道滑轮是否良好。
⑧ 检查发酵槽内粪便厚度是否均匀；检查纵向不同位置粪便腐熟程度。
⑨ 检查准备用于调节的水分、秸秆等辅料是否齐全。
⑩ 根据发酵进程，准备移行机。
⑪ 在执行允许操作之前，观察周围是否有人和物。
⑫ 检查物料中有无砖块、石块等影响设备使用的杂物。
⑬ 检查出料端粪便腐熟度情况。粪便发酵不完全就达不到无害化处理的要求，不仅会直接影响作物种子发芽，甚至会烧苗。

3. 作业实施

(1) 操作手动模式进行作业

该设备有手动、半自动、自动3种工作模式。在需要改变工作模式旋动旋钮开关前，一定先按下复位按钮，以避免造成因旋钮触点临时过渡接触，造成不必要的误操作。在操作前应观察翻料螺旋周围是否有人或物。操作者最好远离机器进行操控。

手动模式主要用途是在设备安装调试阶段或智能控制器发生故障时，作为一种临时操作手段，一般情况下不使用。其具体操作方法如下：

① 将紧急停止按钮拧开。
② 将模式选择旋钮开关拨至手动位置。
③ 合上总电源开关。

④ 油泵的启动与停止：按下油泵启动按钮（图 7-2-2），绿灯亮，油泵电机启动；需要油泵停止时，再按一次相对应的油泵停止按钮，绿灯灭，油泵立即停止。

⑤ 翻料螺旋的启动与停止：按下螺旋启动按钮，绿灯亮，翻料螺旋电机启动；再按一次相对应的螺旋停止按钮，绿灯灭，翻料螺旋立即停止。

⑥ 纵向行走大车前进的启动与停止：按下前进按钮，绿灯亮，大车前进启动，大车从出料端向进料端行驶；再按一次相对应的停止按钮，绿灯灭，大车前进立即停止。

⑦ 纵向行走大车后退的启动与停止：按下后退按钮，绿灯亮，大车后退启动，大车从进料端向出料端行驶；再按一次相对应的停止按钮，绿灯灭，大车后退立即停止。

⑧ 横向移动小车的左移或右移和翻料螺旋提升与下降的启停，操作方法同上。

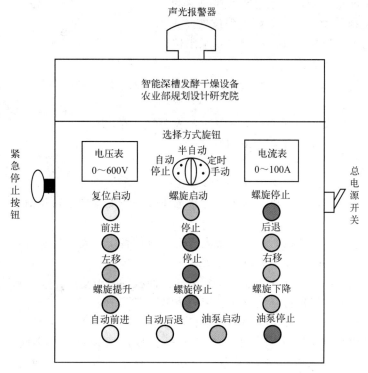

图 7-2-2　深槽发酵干燥设备控制面板

说明事项：横向移动小车左移，操作者面对操作面板，横向移动小车从右向左运动；横向移动小车右移，操作者面对操作面板，横向移动小车从左向右运动；翻料螺旋提升的运动方向，翻料螺旋的搅拌臂向脱离发酵槽的方向运动；翻料螺旋下降的运动方向，翻料螺旋的搅拌臂向深入发酵槽的方向运动。

手动模式作业注意事项：

① 当安装调试或维修后调试，如调整大车轨道直线度、螺旋提升、下降，小车左移、右移，大车前进、后退时，可以不启动翻料螺旋电机，只启动油泵即可。

② 前进、后退、左移、右移、提升、下降只允许同时使用一种操作，不允许同时启动两种以上的操作。

③ 当出现紧急情况时，如翻料螺旋危及人身安全或设备动作失灵，应立即切断处于操作面板右侧的总电源开关。

④ 当全部手动操作结束时，应检查所有的绿灯熄灭，并将旋钮开关拨至停止位置，断开总电源开关。

(2) 操作半自动模式进行作业

半自动操作是设备最常用的一种操作模式,尤其是在生产工艺尚未规范之前,建议使用此模式。半自动操作模式分为遥控器启动方式和按钮启动方式两种。

① 以遥控器启动方式进行作业。操作者提前将旋钮开关拨至半自动方式,使紧急停止按钮抬起,复位按钮抬起(红灯熄灭),合上总电源开关,操作者便可在距离设备60m范围之内开始半自动遥控操作。

遥控器配有操作键,每次按键,红色小灯应点亮,否则说明电池用尽或电池极性装反或遥控器损坏。螺旋式深槽发酵干燥设备遥控接收器安装在设备电控柜内。

遥控器半自动启动操作流程执行的顺序为:

a. 翻料螺旋电机启动,油泵电机及风机启动。

b. 翻料螺旋搅拌臂下降,下降至限位处停止。

c. 小车带动翻料螺旋左移翻动物料,至限位处停止。

d. 大车前进0.6m后停止。

e. 小车带动翻料螺旋右移翻动物料,至限位处停止,大车又前进0.6m后停止,工作流程返回到步骤c。

f. 当大车从出料端工作到进料端限位时,大车自动停止。

g. 翻料螺旋搅拌臂提升至限位处自动停止。

h. 小车脱离限位处。

i. 大车后退,当从进料端退回到出料端限位时,大车停止。

j. 翻料螺旋电机、油泵电机、风机均停止工作。一次完整的半自动前进操作结束。

注意事项:

一是在操作过程中设备执行部件危及人身安全或设备工作发生异常时,应立即使整个设备停止运行,并迅速切断电控柜总电源开关。二是在遥控操作前设置半自动操作时,如果先合上总电源开关,在转动旋钮开关前应先按下操作面板的复位启动按钮,再转动旋钮开关拨至半自动方式,以防错误执行自动方式和定时方式,然后再将复位按钮恢复(灯熄灭)。三是遥控半自动操作时,旋钮开关必须处于半自动位置。四是遥控半自动操作结束时,应切断总电源开关并将旋钮开关拨至停止位置。五是在使用遥控器时,不允许按下前进后又按后退或者按下后退后又按前进,否则系统立即执行半自动后退或前进与设备正在执行的功能相反,有可能造成液压系统及电气系统损坏或动作混乱。按下复位再按复位恢复,再按后退,设备立即后退(后退时不搅拌),当设备后退到出料端自动停止,按复位停止。

② 以按钮启动方式进行作业。此方式与遥控器半自动启动方式的流程完全一致,操作区别是:用操作面板第5排的自动前进按钮代替遥控器的键1;用操作面板第5排的自动后退按钮代替遥控器的键2;用复位按钮代替遥控器的键3和键4,按下复位按钮(红灯亮)相当于按下遥控器键3,抬起复位按钮(红灯熄灭)相当于按下遥控器的键4。

(3) 操作自动模式进行作业

① 自动模式的初始状态。大车处于发酵槽出料端端头,小车处于大车中央位置,翻料螺旋处于上限位。

② 自动模式作业流程。自动模式启动后,小车开始左移工作,当小车左移至左移限位处,小车停止左移,大车前进一段距离后停止;小车开始右移工作,当小车右移至右移限位处,小车停止右移,大车前进一段距离后停止;小车再次开始左移工作。如此反复,当大车到达进料端端头限位时,一次工作进程结束。

③ 注意事项。当油泵或螺旋搅拌电机故障时，设备会发出声光报警，设备同时被禁止各种操作。

当设备在工作中出现异常现象或危及人身安全时，可按下紧急停止按钮或切断总电源，使总电源处于"分"的位置。

自动方式和定时方式不允许一般操作人员使用。因为自动方式的功能与半自动相同，差别是采用自动方式可以使设备自动重复若干次。定时方式更不能随意使用，因为一旦设置为定时方式，设备到某一时间便会自动启动；如果没有严格的管理制度或确定的工艺流程，设备突然启动会危及人身安全，夜间启动还会失去对设备的监控。自动模式和定时方式均需对智能控制器进行参数设定，所以不允许一般操作人员使用。

4. 技术维护

① 维修或保养设备时要断开电源，并在电源开关处挂上"检查和维修保养中"的标牌，以防止他人误开电源。

② 未经培训的操作者，不许打开该设备的电控柜门对内部进行触摸。遇异常情况应断开总电源，在检修人员未到时，不得再启动。

③ 只有将复位按钮按下再抬起，方可执行指定的工作模式流程作业。

④ 在执行手动操作时，遇到紧急情况时应切断电源或按油泵停止按钮。

⑤ 定时向轴承、齿轮和链条等传动件加注润滑油。

⑥ 随时检查并调整大车的跑偏缺陷。

5. 常见故障诊断及排除

螺旋式深槽发酵干燥设备常见故障诊断及排除，参考表 7-2-1。

表 7-2-1　螺旋式深槽发酵干燥设备常见故障诊断及排除

故障名称	故障现象	故障原因	排除方法
大车运行啃轨	大车运行啃轨	1. 两侧轨道高度差过大 2. 轨道水平弯曲过大 3. 车轮的安装位置不正确 4. 桥架变形 5. 轨道顶面有油污、杂物等，引起两侧车轮的行进速度不一样	1. 采用增减垫板法来消除两侧轨道之间的高低误差 2. 调整轨距和减少轨道水平弯曲 3. 调整车轮跨度和对角线值等参数，恢复车轮正确位置 4. 校正或找供应商解决 5. 清除油污和杂物
螺旋叶片变形	螺旋叶片变形	有大块杂物堵塞	清除堵塞杂物
设备不能启动	设备处于非手动时不能启动	1. 复位按钮处于无效状态 2. 紧急停止按钮处于无效状态	1. 使复位按钮处于有效状态 2. 使紧急停止按钮处于有效状态

二、螺旋挤压式固液分离设备的使用与维护

1. 设备安装

（1）安装工具

该设备安装过程中需如下工具：电流表、吊装车、电工工具一套、冲击钻、氧气乙炔焊割设备、活动和固定扳手一套、板车或推车、游标卡尺、卷尺和画笔。

（2）安装步骤

固定螺旋挤压设备的位置；连接相关的管道；焊接电控箱的支架；固定电控箱；连接电路；调试与运行。

(3) 安装技术要点

① 支架的安装以现场的实际情况而定,必须保证设备能正常地运行。

② 设备定位准确,所有固定螺栓必须非常紧固。

③ 所有的管路连接件,必须用相应的胶黏剂把其粘在一起。

④ 保证安装电路的电压是设备所需的额定电压。

⑤ 螺旋挤压部件要固定在传送装置上面,这样粪污才能被传送到挤压装置内部。

⑥ 电器安装时应操作规范,接线牢固可靠;设备必须使用规定的线接地,通电之前认真核对。

⑦ 通电前检查电源是否符合要求,确保设备电源处在三级保护的前提下给设备通电。当电机旋转方向不符合要求时,调整电源相序。

⑧ 试运行时先设定操作面板的各项参数,确认无误后启动设备,观察设备运行情况,并对参数进行调整,确认设备正常工作后,记录参数和交付验收。

2. 作业前技术状态检查

① 检查机电共性技术状态是否良好。

② 检查机身是否处在水平状态。

③ 检查筛网是否平整。

④ 检查上、下段机身框架是否连接可靠。

⑤ 检查电源电压是否正常,电路线是否连接好,控制箱接地线是否可靠。

⑥ 检查控制箱与电机连接的电缆是否能承受其工作电流,以保证电机能够正常使用。

⑦ 检查传动带轮与传动轴的轮是否处于同一平面。

⑧ 检查轴承等运动部件是否加注润滑油。

⑨ 检查管路连接是否良好,有无渗漏。

3. 作业实施

① 检查机器技术状态合格后,启动驱动电机。

② 检查设备运行是否有异常声音;电机电流是否正常,是否缺相。

③ 调整悬臂下部钢丝绳拉紧力度,以达到要求的物料干燥度。

④ 调整进料量。

⑤ 检查筛网是否正常振动。

⑥ 观察物料是否含有砖头、石块、铁丝、木头和塑料膜等杂物,是否处于冻冰、结块状态。

⑦ 调整空气弹簧进气压力,以达到要求的物料干燥度。

⑧ 观察脱水器出料是否顺畅,湿度是否合适。如出料太慢则物料含水量低但处理量不足,如太快则处理量足但含水率高,分离效果不好。

⑨ 观察平衡槽高低液位开关是否有效,溢流管高度是否合适。调节进料量与处理量使其大致平衡,以达到设备工作平稳,分离效果稳定。

⑩ 注意事项:

a. 机器启动和运转时,无关人员远离该设备和与设备相关的地点。严禁将手或身体的其他部位伸进传动带或传送装置中去。

b. 维修期间,所有开关始终保持关闭状态。

紧急情况下,迅速关闭控制箱上面的电源。

4. 技术维护

① 维修期间,所有开关始终保持关闭状态。

② 参照机电设备常规技术维护进行维护保养。

③ 每班下班前清洗分离机进料夹层，以免粪渣淤塞影响分离效果。如发现出液口流出液体少，可单独做几次停、开动作，如果没有效果则表示筛网需要清洗，一般情况下，使用15～20d需清洗一次。

清洗步骤：

  a. 停止泵运行，让主机螺旋单独旋转，待出渣翻板处停止挤出固体为止。

  b. 将出渣翻板所属部件从主轴箱上拆下。

  c. 将螺杆旋松取出。

  d. 先将卸料口螺栓取下，随后取下螺旋轴，拆下筛网。

  e. 用清水及铜丝板刷将筛网清洗干净。

  f. 重新组装。

值得注意的是，在取下网筛的同时需注意网筛的导轨位置，最好做上记号，安装时仍然保持原来的位置。否则在以后的运转中，将加大网筛的磨损，自然也就会影响挤压机的出料效率。安装好后，按要求进行试车。

④ 累计运行720h后，检查轴承并加注润滑油，如轴承过度磨损应立即更换。

⑤ 电子设备等损坏后，只能更换指定型号的电子设备。

5. 常见故障诊断及排除

螺旋挤压式固液分离设备常见故障诊断及排除，参考表7-2-2。

表 7-2-2 螺旋挤压式固液分离设备常见故障诊断及排除

故障名称	故障现象	故障原因	排除方法
电机不运转	通电后，电机不运转	1. 电源线路断开 2. 电压不足 3. 电机损坏 4. 管路堵塞	1. 接通电源线路 2. 调整电压 3. 修理或更换电机 4. 停机清除堵塞物
出料太湿	出料太湿	1. 高低液位开关失效 2. 溢流管高度不合适	1. 调整或更换液位开关 2. 调整溢流管高度
平衡槽溢粪	粪污溢出平衡槽	溢流管堵塞	停机清除堵塞物
管道渗漏	管道或接头漏水	1. 管道坏 2. 接头松	1. 修复 2. 拧紧接头

三、设备在使用过程中应注意的事项

① 定期检查电机、控制面板、传输系统是否正常运行。

② 由专职人员承担维护保养、实际操作，养猪场其他工作人员不可随便操纵，以防出现意外。

③ 电动机全是380V驱动力开关电源，主动力线得用$4mm^2$铜芯电缆线，除此之外驱动力线须搭建牢固，人与畜不容易碰触到。

④ 要定期查验控制面板信号线，防止被老鼠咬掉，或是固定不坚固而掉下来。

四、维修制度

1. 计划预防修理制度

计划预防修理制度是根据设备的一般磨损规律和技术状态，按预定修理周期及其结构，对设备进行维护、检查和修理，以保障设备经常处于良好的技术状态的一种设备维修制度。

其主要内容包括：日常维护、定期检查、计划修理（小修、中修、大修）。

2. 保养修理制度

保养修理制度是由一定类别的保养和一定类别的修理所组成的设备维修制度。其特点是：打破了操作工人和维修工人间分工的界限，由操作工人承担设备的保养，把操作工人参加设备的管理具体化、制度化。同时，进一步贯彻预防为主的方针。

3. 预防维修制度

预防维修制度是以设备故障理论和规律为基础，将预防维修和生产维修相结合的综合维修制度。预防维修是从预防医学的观点出发，对设备的异常进行早期发现和早期诊断。生产维修制是提高设备生产效能经济的维修方法。预防维修制可减少故障出现次数，缩短修理时间。设备预防维修方式主要有日常维修、事后维修、生产维修、改善维修、维修预防、预知维修。日常的一些设备遇到小问题，可以咨询厂家及时解决。

要定期给设备做检查，并及时进行保养，预防或者降低出现故障的概率，正确合理使用设备能够延长设备使用寿命。

【资料卡】 粪便发酵工艺过程

① 准备原料。根据猪粪与辅料（锯末、粉碎后的秸秆等）的碳氮比、含水率进行合理配比，调节发酵物料水分。

② 将准备好的发酵物料放入发酵槽。

③ 启动螺旋式深槽发酵干燥设备，使发酵物料在发酵槽内前后、左右移动，进行搅拌，同时将物料从进料端逐渐向出料端输送。

④ 粪便发酵完毕，猪粪转变为有机肥，出槽装袋或进行深加工。

技能训练

完成《实践技能训练手册》中技能训练单 23、24 及 25。

练一练

选择题（单选或多选）

1. 无害化处理的种类有（　　）。
   A. 粪便处理　　　　B. 污水处理　　　　C. 尸体及胎盘处理

2. 安装螺旋挤压式固液分离系统，泵与主机相连接时，将输送管一端套在泵的输送口 A 口，另一端与分离机（　　）相连接。
   A. 进料口 A 口　　　B. 溢料口 B 口　　　C. 排水口 C 口

3. 操作螺旋式深槽发酵干燥设备进行作业时，最常用的是（　　）。
   A. 手动操作　　　　B. 半自动操作　　　C. 自动操作

模块八　消杀设备

最有效最经济地控制疾病发生和传播的方法就是建立完整的生物安全体系。生物安全体系是指采取必要的措施，最大限度地减少各种物理性、化学性和生物性致病因子对动物造成危害的一种动物生产体系。其总体目标是防止有害生物以任何方式侵袭动物，保持动物处于最佳的生产状态，以获得最大的经济效益。

消毒是指采用物理、化学或生物学手段杀灭或减少生产环境中病原体的一项重要技术措施。消毒作为切断传播途径的重要方式，被养猪人认为是猪场预防疾病最简单有效的方式。

猪场消毒是猪场管理重要的组成部分，给养猪场消毒是最基本的事情。通过消毒，可以将病原体消灭在猪场外，防患于未然。如果消毒做得好，很多猪病都可以被扼杀在摇篮里，这样就能节约大量的用药成本，提高猪场的养殖效益。

项目一　消毒设备的识别

【情境导入】

广西某养猪户，在 2019 年非洲猪瘟疫情席卷两个月后，周围猪场全部倒下，但是他的猪场却"屹立不倒"。经分析，该猪场根据猪场的实际情况，选择了适合的消杀设备设施种类和类型，通过合理的消毒工作操作规范，取得了良好的防疫成效。

 学习目标

1. 知识目标
- 了解猪场常用消毒设备的种类、特点和使用方法；
- 能够说明不同消毒设备的组成及特点。

2. 能力目标
- 能够根据猪场的实际情况，选择适合的消毒设备设施种类和类型，并制定合理的消毒防疫程序；
- 结合猪群结构特点，能够选择合适的消毒设备并完成消毒工作。

3. 素质目标
- 能够牢记职业规范，按规程安装、调试；
- 重视生物防疫安全，培养安全生产意识。

知识储备

一、猪场消毒设备

常用消毒设备有高压清洗机、紫外消毒灯、喷雾机械、高压灭菌容器等。主要消毒设施包括生产区入口消毒池、人行车辆消毒通道等。

猪场常用的消毒设备种类较多，按动力可分为手动、机动和电动三大类。按药液喷出原理分为压力式、风送式和离心式喷雾机等。按喷洒雾滴直径的大小分：喷洒雾滴直径大于 $150\mu m$ 的机械称喷雾机，雾滴直径在 $50\sim150\mu m$ 的称为弥雾机，把雾滴直径在 $1\sim50\mu m$ 的称为烟雾机或喷烟机。养殖场常用的消毒设备有紫外线消毒灯、火焰消毒器，以及背负手压式、背负机动式、电动式喷雾机等。

1. 紫外线消毒灯

该灯是利用紫外线的杀菌作用进行杀菌消毒的灯具，是一种用能透过全部紫外线波段的石英玻璃作灯管的低压水银灯，灯管内充以水银和氩气。紫外线消毒灯的组成部分和接线方法与日光灯相同，只是灯管内壁不涂荧光粉。

电流通过灯丝时加热，至 $850\sim950$℃时水银受热形成蒸气，灯丝发射电子，电子在电场作用下获得加速而冲击水银原子，使其发生电离并向外辐射波长为 $253.7nm$ 的紫外线。该波段紫外线的杀菌能力最强，可用于对水、空气、人员及衣物等的消毒灭菌。常用的规格有 15W、20W、30W 和 40W，电压 220V。一般安装在进场大门口的人员消毒室、生产区的消毒更衣室等区域中。被紫外线消毒灯照射 5min 左右即可将衣服上所携带的细菌和病毒等杀死，照射 30min 左右就可以将空气中的细菌杀死。

在使用紫外线消毒灯时应注意：

① 使用时须先通电 3~10min，等发光稳定后方可应用。

② 使用时眼睛不可看紫外线灯，以免造成伤害。

③ 装卸灯管时，避免用手直接接触灯管表面，以防石英玻璃被沾污而影响其透过紫外线的能力。

④ 应经常用蘸酒精的纱布或脱脂棉等擦拭灯管，以保持其表面洁净透明。

2. 火焰消毒器

火焰消毒器是一种利用燃料燃烧产生的高温火焰对猪舍及设备进行扫烧，杀灭各种细菌病毒的消毒设备。若先进行化学消毒，再用火焰消毒器扫烧，灭菌效率可达 97% 以上。适用于耐高温的场所、设备和器具。常用的火焰消毒器有燃油式和燃气式两种。

燃油式火焰消毒器由储油罐、加压提手、供油管路、阀门、喷嘴和燃烧器等组成（图 8-1-1），以雾化的煤油作为燃料。工作时，反复按动提手向储油罐打气，储油罐充足气后打开阀门，储油罐中的煤油经过油管从喷嘴中以雾状形式喷出，点燃喷嘴，通过燃烧器喷出火焰即可用于消毒。注意：燃料为煤油或柴油，严禁使用汽油或其他轻质易燃易爆燃料。

燃气式火焰消毒器由管接头、供气管路、开关、点火孔、喷气嘴和燃烧器等组成（图 8-1-2），以液化天然气或其他可燃气体作为燃气，用明火对准点火孔，然后打开开关，即可通过燃烧器喷出火焰。用燃气式火焰消毒对环境的污染较轻。

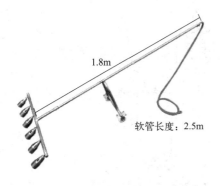 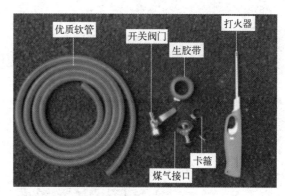

图 8-1-1　燃油式火焰消毒器部件　　　　图 8-1-2　燃气式火焰消毒器配件

使用注意事项：

① 在使用前要撤除消毒场所的所有易燃易爆物，以免引起火灾。

② 先用明火对准点火孔，然后才能打开开关，否则有可能发生燃气爆炸。

③ 未冷却的盘管、燃烧器等要避免撞击和挤压，以防因发生永久性变形而使其性能变坏。

3. 背负式手动喷雾机

背负式手动喷雾机是利用压力能量雾化并喷送药液。该机一般由药液箱、压力泵（液泵或气泵）、空气室、调压安全阀、喷头、喷枪等喷洒部件组成。压力泵直接对药液加压的为液泵式，压力泵将空气压入药箱的为气泵式。以应用较多的工农 16 型手动背负式喷雾机为例，该机是液泵式喷雾机，其结构主要由药液箱、活塞泵、空气室、胶管、喷杆、开关、喷头等组成，如图 8-1-3 所示。工作时，操作人员用背带将喷雾机背在身后，一手上下推动摇杆，通过连杆机构作用，使活塞杆在泵筒内作往复运动，当活塞杆上行时，带动活塞皮碗由下向上运动，由皮碗和泵筒所组成的腔体容积不断增大，形成局部真空。这时，药液箱内的药液在液面和腔体内的压力差作用下，冲开进水球阀，沿着进水管路进泵筒，完成吸水过程。反之，皮碗下行时，泵筒内的药液开始被挤压，致使药液压力骤然增高，进水阀关闭、出水阀打开，药液通过出水阀进入空气室。空气室里的空气被压缩，对药液产生压力（可达 800kPa），空气室具有稳定压力的作用。另一手持喷杆，打开开关后，药液即在空气室空气压力作用下从喷头的喷孔中以细小雾滴喷出，对物体进行消毒。背负式手动喷雾器 1h 可喷洒 $300\sim400m^2$。该机优点是价格低、维修方便、配件价格低。缺点是效率低、劳动强度大；药液有跑、冒、漏、滴等现象，操作人员身上容易被药液弄湿；维修率高。

4. 背负式机动喷粉机

喷粉机弥雾作业时，汽油机带动风机叶轮旋转，产生高速气流，并在风机出口处形成一定压力，其中，大部分气流从风机出口流入喷管，而少量气流经挡风板、进气软管，再经滤网出气口，返入药液箱内，使药液箱内形成一定的压力。药液在风压的作用下，经输液管、开关把手组合、喷口，从喷嘴周围流出，流出的药液被喷管内高速气流冲击而弥散成极细的雾滴，吹向物体。水平射程可达 $10\sim12m$，雾滴粒径平均 $100\sim120\mu m$。

喷粉过程与弥雾过程相似，风机产生的高速气流，大部分经喷管流出，少量气流则经挡风板进入吹粉管。进入吹粉管的气流由于速度高并有一定的压力，这时，风从吹粉管周围的小孔吹出来，将粉松散开吹向粉门，由于输粉管出口处的负压，粉剂农药被吹向弯管内，之后被从风机出来的高速气流吹向作物茎叶上，完成了喷粉过程。

该机是一种带有小动力机的高效能喷雾消毒机械。它有两种类型，一种是利用风机产生

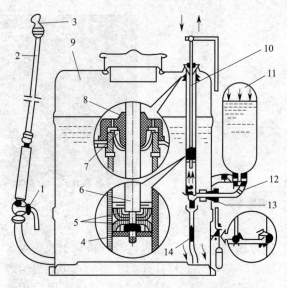

图 8-1-3　背负式手动喷雾机

1—开关；2—喷杆；3—喷头；4—固定螺母；5—皮碗；6—活塞杆；7—毡圈；8—泵盖；9—药液箱；10—泵筒；11—空气室；12—出液阀；13—进液阀；14—吸液管

的调整气流的冲击作用将药液雾化，并由气流将雾滴运载到达目标，多用于小型喷雾机上；另一种是靠压力能将药液雾化，再由气流将雾滴运载到达目标，用于大型喷雾机上。现以应用较多的东方红18型背负式机动喷粉机为例。

该机由汽油发动机、离心式风机、喷粉部件、机架、药箱等组成，如图 8-1-4 所示。其风机为高压离心式风机，并采用了气压输液、气力喷雾（气力将雾滴雾化成直径为 100～150μm 的细滴）和气流输粉（高速气流使药粉形成直径为 6～10μm 的粉粒）的方法将药液或粉喷洒（撒）到物体上。它具有结构紧凑、操作灵活、适应性广、价格低、效率高和作业质量好等优点。可以进行喷雾、超低量喷雾、喷粉等作业。

5. 机动超低量喷雾机

机动超低量喷雾机是在机动弥雾机上卸下通用式喷头换装上超低量喷雾喷头（齿盘组件）形成的。它喷洒的是不加稀释的油剂药液。工作时，汽油机带动风机产生的高速气流，经喷管流到喷头后遇到分流锥，从喷口以环状喷出，喷出的高速气流驱动叶轮，使齿盘组件高速旋转，同时药液由药箱经输液管进入空心轴，并从空心轴上的孔流出，进入前、后齿盘之间的缝隙，于是药液就在高速旋转的齿盘离心力作用下，沿齿盘外圆抛出，与空气撞击，破碎成细小的雾滴，这些小雾滴又被喷出的气流吹向远处，借自然风力漂移并靠自重沉降到物体表面。

6. 电动喷雾机

电动喷雾机由储液桶、滤网、连接头、抽吸器（小型电动泵）、连接管、喷管、喷头等组成。电动泵及开关与电池盒连接。工作时，电力驱动电动泵往复运动给药液施压使其雾化。其优点是电动泵压力比手动活塞压力大，增大了喷洒距离和范围且效率高，可达普通手摇喷雾器的3～4倍、劳动强度低、使用方便、雾化效果好，省时、省力、省药。缺点：电瓶的容电量决定了喷雾器连续作业时间的长短，品牌多型号各异。如 3WD-4 型电动喷雾机的主要技术参数为：220V/50Hz 交流电，喷雾量 0～220mL/min（可调），雾粒平均直径40～70μm，喷雾射程5m，药箱容量4L。还有一种手推车式电动喷雾机，电动喷雾机安装

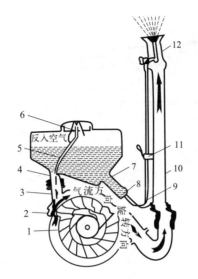

图 8-1-4 背负式机动喷粉机

1—叶轮组装；2—风机壳；3—出风筒；4—进气塞；5—进气管；6—过滤网组合；7—粉门体；8—出水塞；9—输液管；10—喷管；11—开关；12—喷头

在手推车的支架上。作业时，机头可以上下、左右转动。

7. 常温烟雾机

常温烟雾机（以 3YC-50 型为例）工作时，大电机驱动空气压缩机产生压力为 1.5～2.0MPa 的高压空气，高压空气通过空气胶管和进气管进入到喷头的涡流室内，形成高速旋转的气流，并在喷嘴处产生局部真空，药箱中的药液通过输液管被吸入到喷嘴处喷出，喷出的药液和高速旋转的气流混合后就被雾化成雾滴，形成粒径小于 $20\mu m$ 的烟雾。这时小电机带动轴流风机转动，在产生的风力作用下烟雾被吹向远方。最远距离可达到 30m，烟雾扩散幅宽可达 6m。经过 30～60min 的吹送，药液烟雾可以飘到密闭的猪舍内各处，并在空间悬浮 2～3h，从而达到为舍内各物体表面和舍内空气消毒灭菌的目的。用该机进行猪舍消毒，操作人员不必进入舍内。

常温烟雾机是在常温下利用压缩空气（或高速气流）使药液雾化成粒径为 $5\sim110\mu m$ 的雾滴，对猪舍进行消毒的喷雾设备。3YC-50 型常温烟雾机由空气压缩机、喷雾和支架三大系统组成，如图 8-1-5 所示。空气压缩机系统包括车架、电源线、空气压缩机、电机、电器控制柜、气路系统和罩壳。空气压缩机系统作业时位于猪舍外，其作用是控制喷雾消毒过程和为喷雾提供气源和轴流风机电源。喷雾系统由气液雾化喷头、气液雾化系统、喷筒及导流消声系统、药箱、搅拌器、轴流风机和小电机组成。支架系统为三角形的升降机构，喷口离地高度可在 0.9～1.3m 范围内调节。

常温烟雾机的主要技术参数为：喷气压力 0.18～0.20MPa，喷气量 $0.04\sim0.045m^2/min$，喷雾量 50mL/min，大、小电机采用功率分别为 1.5kW 和 0.15kW 的 220V 单相电机。

8. 猪舍空气电净化自动防疫系统

猪舍空气电净化自动防疫系统主要由定时器、直流高压发生器、绝缘子、电极线组成，电极线通过若干绝缘子固定在屋顶天花板或粪道横梁上，将直流高压送入电极网形成空间电场。

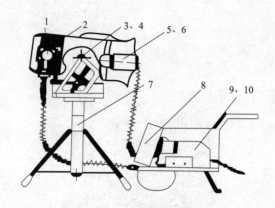

图 8-1-5　常温烟雾机
1—喷头及雾化系统；2—喷筒及导流消声系统；3—支架系统；4—药箱系统；
5—轴流风机；6—小风机；7—升降架；8—电器控制柜；9—大电机；10—空气压缩机

猪舍空气电净化自动防疫系统的技术依靠的是空间电场防病防疫技术理论。

① 具有直流电晕放电特点的空间电场可对空气中各成分进行库仑力净化。

② 建立空间电场的高压电极对空气放电产生的高能带电粒子和微量臭氧能对有机恶臭气体进行氧化与分解，而空间电场和高能带电粒子又能抑制恶臭气体的产生。

③ 建立空间电场的高压电极对空气放电产生的高能带电粒子和微量臭氧能对附着在粉尘粒子、飞沫上的病原微生物进行非常有效的杀灭作用。

在系统开始工作时，空气中的粉尘即刻在直流电晕电场中带有电荷，并且受到该电场对其产生的电场力的作用而做定向运动，在极短的时间内就可吸附于猪舍的墙壁和地面上。在系统间歇循环工作期间，猪活动产生的粉尘、飞沫等气溶胶随时都会被净化清除，使猪舍空气时时刻刻都保持着清洁状态。

猪舍空气中的有害及恶臭气体主要有 NH_3、H_2S、CO_2 及丁酸、吲哚、硫醇、3-甲基吲哚（又称粪臭素）等。空间电场对这些有害及恶臭气体的消除基于两个过程：

① 直流电晕电场抑制由粪便和空气形成的气-固、气-液界面边界层中的有害及恶臭气体的蒸发和扩散，将 NH_3、H_2S、丁酸、吲哚、硫醇、粪臭素与水蒸气相互作用形成的气溶胶封闭在只有几微米厚度的边界层中。其中对 NH_3、H_2S、吲哚、粪臭素的抑制效率可达到 40%~70%。

② 在猪舍上方，空间电极系统放电产生的臭氧和高能荷电粒子可对丁酸、吲哚、硫醇、粪臭素进行分解，分解的产物一般为 CO_2 和 H_2O，分解的效率为 30%~40%。在粪道中的电极系统对以上气体的消除率能达到 80% 以上。

3DDF 系列猪舍空气电净化自动防疫系统主要用于全封闭、相对封闭的猪舍。该系统由定时器控制采用自动间歇循环工作方式，工作 15min 停 45min，循环往复。采用交流 220V 供电。

9. 高压清洗机

高压清洗机也称高压水射流清洗机、高压水枪，如图 8-1-6 所示。其功用是通过动力装置使高压柱塞泵产生高压水，经喷嘴喷出变成具有冲刷力的高压水射流来冲洗畜舍地面及物体表面，将污垢剥离，冲走，达到清洗物体表面的目的。

按动力可分为电机驱动高压清洗机、汽油机驱动高压清洗机等。按出水温度可分为冷水高压清洗机和热水高压清洗机两大类。两者区别在于热水清洗机里加了一个加热装置，一般会利用燃烧缸把水加热，迅速冲洗净大量冷水不容易冲洗的污垢，提高了清洁效率，但该机

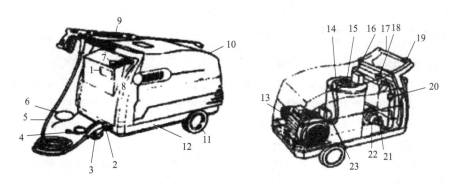

图 8-1-6 高压清洗机

1—商标；2—进水口；3—后轮；4—清洗剂吸嘴；5—高压水管；6—电源线；7—温控开关；8—电源开关；9—高压水枪；10—护罩；11—前轮；12—底盘；13—电机、高压泵总成；14—加热器；15—喷油嘴、点火电极总成；16—烟囱；17—车扶手；18—油箱；19—枪托；20—燃油滤清器；21—油泵；22—风机；23—高压点火线圈

价格偏高，且运行成本高。

冷水高压清洗机主要由电动机、进水阀、水泵、出水阀、管路、高压水枪、清洗剂吸嘴、高压水管、电源线、温控开关、电源开关等组成。热水高压清洗机在冷水高压清洗机的基础上增加了加热器、喷油嘴、点火电极总成、油箱、燃油滤清器、油泵、风机等。

二、场区门口的消毒设施

① 在猪场门口设置消毒室，人员出入场区、生产区，需经门口雾化消毒通道进行体表消毒3min，如图8-1-7所示。地面放置消毒垫，用于人员的鞋底消毒。设置洗手池，进行手部消毒。其中雾化消毒可选用1∶1000复合醛溶液（10%戊二醛＋10%苯扎溴铵）；鞋底消毒可用2%～4%氢氧化钠溶液；洗手消毒可用0.1%新洁尔灭溶液。

视频：车辆消毒

② 场区大门口处要设置宽与大门相同，如图8-1-8所示，长等于进场大型机动车车轮一周半长的水泥结构消毒池，并保证有充足的消毒液，每周至少更换池水、池药2次，保持有效浓度。出入猪场办公生活区大门和进入生产区大门口均设置与门同宽的消毒池，其长度不低于大型车辆轮胎外径1.5倍周长，消毒液每周更换2次，用于进出车辆轮胎消毒。用雾化消毒机对车辆底盘和车身进行消毒，喷湿后，停留30min。消毒剂可选用1∶300复合醛溶液或2%氢氧化钠溶液。

视频：车辆消毒烘干间

图 8-1-7 场区大门人员消毒通道

图 8-1-8 场区大门消毒池

【资料卡】 猪场有害生物的控制

（一）猪场防疫

生物安全体系是目前最经济、最有效的传染病控制方法，同时也是所有传染病预防的前提。它将疾病的综合性防治作为一项系统工程，在空间上重视整个生产系统中各部分的联系，在时间上将最佳的饲养管理条件和传染病综合防治措施贯穿于动物养殖生产的全过程，强调了不同生产环节之间的联系及其对动物健康的影响。该体系集饲养管理和疾病预防为一体，通过阻止各种致病因子的侵入，防止动物群受到疾病的危害，不仅对疾病的综合性防治具有重要意义，而且对提高动物的生长性能，保证其处于最佳生长状态也是必不可少的。因此，它是动物传染病综合防治措施在集约化养殖条件下的发展和完善。

生物安全体系的内容主要包括动物及其养殖环境的隔离、人员物品流动控制以及疫病控制等，即用以切断病原体传入途径的所有措施。就特种动物生产而言，包括特养场的选址与规划布局、环境的隔离、生产制度确定、消毒、人员物品流动的控制、免疫程序、主要传染病的监测和废弃物的管理等。

有害生物控制最基本的措施如下。

1. 搞好猪场的卫生管理

① 保持舍内干燥清洁，每天清扫卫生，清理生产垃圾，清除粪便，清洗刷拭地面、猪栏及用具。

② 保持饲料及饲喂用具的卫生，不喂发霉变质及来路不明的饲料，定期对饲喂用具进行清洗消毒。

③ 在保持舍内温暖干燥的同时，适时通风换气，排除猪舍内有害气体，保持舍内空气新鲜。

2. 搞好猪场的防疫管理

① 建立健全并严格执行卫生防疫制度，认真贯彻落实"以防为主、防治结合"的基本原则。

② 认真贯彻落实严格检疫、封锁隔离的制度。

③ 建立健全并严格执行消毒制度。消毒可分为终端消毒、即时消毒和日常消毒，门口设立消毒池，定期更换消毒液，交替更换使用几种广谱、高效、低毒的消毒药物进行环境、栏舍、用具及猪体消毒。

④ 建立科学的免疫程序，选用优质疫（菌）苗进行切实的免疫接种。

3. 做好药物保健工作

正确选择并交替使用保健药物，采用科学的投药方法，严格控制药物的剂量。

4. 严格处理病死猪的尸体

对病猪进行隔离观察治疗，对病死猪的尸体进行无害化处理。

5. 消灭老鼠和媒介生物

① 灭鼠。老鼠偷吃饲料，一只家鼠一年能吃12kg饲料，造成巨大的饲料浪费。老鼠还传播病原微生物，并咬坏包装袋、水管、电线、保温材料等，因此必须做好灭鼠工作。常用对人、畜低毒的灭鼠药进行灭鼠，投药灭鼠要全场同步进行，合理分布投药点，并及时无害化处理鼠尸。

②消灭蚊、蝇、蠓、蜱、螨、虱、蚤、白蛉、虻、蚋等寄生虫和吸血昆虫,减少或防止媒介生物对猪的侵袭和传播疾病。可选用敌百虫、敌敌畏、倍硫磷等杀虫药物杀灭媒介生物,使用时应注意对人、猪的防护,防止引起中毒。另外,在猪舍门、窗上安装纱网,可有效防止蚊、蝇的袭扰。

③控制其他动物。猪场内不得饲养犬、猫等动物,以免传播弓形虫病,还要防止其他动物入侵猪场。

(二)猪场消毒剂选购和使用注意事项

消毒是指用物理的、化学的和生物的方法清除或杀灭畜禽体表及其生存环境和相应物品中的病原微生物及其他有害微生物的过程。

1. 防疫消毒的目的

防疫消毒的目的是切断病原微生物传播途径,预防和控制外源病原体带入畜群进行传播和蔓延,减少环境中病原微生物的数量,为猪群提供一个安全舒适的生存环境。防疫消毒的种类有预防性消毒、临时消毒和终末消毒3类。

2. 消毒方法

常用的消毒方法有物理消毒法、化学消毒法和生物消毒法3种。物理消毒法是指清扫、高压水枪冲洗、紫外线照射及高压灭菌处理。化学消毒法指采用化学消毒剂对畜舍内外环境、设备、用具以及畜禽体表进行消毒。生物消毒法指对畜禽粪便及污水进行生物发酵,制成高效有机物后再利用。

3. 常用消毒剂种类

养殖场消毒的主要对象是进入养殖场生产区的人员、交通工具、畜禽舍内外环境、舍内设备以及外引猪源等。

畜禽养殖常用的消毒剂有碱性消毒剂(2%~4%浓度的氢氧化钠和氧化钙)、醛消毒剂(8%~40%浓度的甲醛溶液)、含氯类消毒剂(漂白粉、次氯酸钠、氯亚明、二氯异氰尿酸钠和二氧化氯等)、含碘类消毒剂(有碘酊、复合碘溶液和碘伏)、酚类消毒剂[有石碳酸、消毒净、甲酚皂溶液(来苏儿)、氯甲酚溶液和煤焦油皂液]、氧化类消毒剂(有过氧乙酸、双氧水和高锰酸钾)、季铵盐类消毒剂(有新洁尔灭、度米芬、百毒杀、洗必泰、百毒清)和醇类消毒剂(有乙醇和异丙醇)等。

4. 理想消毒药应具备的条件

①杀菌效果好,低浓度时就能杀死微生物,作用迅速,对人及猪只无副作用。

②性质稳定、无异味、易溶于水。

③对金属、木材、塑料制品等没有腐蚀作用。

④无易燃性和爆炸性。

5. 选购和使用消毒剂注意事项

①选择消毒剂应根据猪的年龄、体质状况以及季节和传染病流行特点等因素,针对污染猪舍的病原微生物的抵抗力、消毒对象特点,尽量选择高效低毒、使用简便、质量可靠、价格便宜、容易保存的消毒剂。

②选用消毒剂时应针对消毒对象,有的放矢,正确选择。一般病毒对碱、甲醛较敏感,而对酚类抵抗力强,大多数消毒剂对细菌有很好的杀灭作用,但对形成芽孢的杆菌和病毒作用却很小,而且病原体对不同的消毒剂的敏感性不同。

③选用消毒剂要注意外包装上的生产日期和保质期,必须在有效期内使用。要求保存在阴凉、干燥、避光的环境下,否则会造成消毒剂的吸潮、分解、失效。

④ 使用前应仔细阅读说明书，根据不同对象和目的，严格按照使用说明书规定的最佳浓度配制消毒液，一般情况下，浓度越大，消毒效果越好。

⑤ 实际使用时，尽量不要把不同种类的消毒剂混在一起使用，防止相拮抗的两种成分发生反应，削弱甚至失去消毒作用。

⑥ 消毒药液应现配现用，最好一次性将所需的消毒液全部兑好，并尽可能在短时间内一次性用完。若配好的药液放置时间过长，会导致药液浓度降低或失效。

⑦ 不同病原体对不同消毒剂敏感程度不一样，对杀灭病原体所需时间也不同，一般消毒时间越长，消毒效果越好。喷洒消毒剂后，一般要求至少保持20min才可冲洗。

⑧ 消毒效果与用水温度相关。在一定范围内，消毒药的杀菌力与温度成正比，温度增高，杀菌效果增加，消毒液温度每提高10℃，杀菌能力约增加一倍，但是，最高不能超过45℃。因此，夏季消毒效果要比冬季强。一般夏季用凉水，冬季用温水，水温一般控制在30～45℃。熏蒸等消毒方式，对湿度也有要求，一般要求相对湿度保持在65%～75%。

⑨ 免疫前、后1天和当天（共3天）不喷洒消毒剂，前、后2～3天和当天，共5～7天，不得饮用含消毒剂的水，否则会影响免疫效果。

⑩ 应经常更换不同的消毒剂，切忌长期使用单一消毒剂，以免产生抗药性，最好每月轮换一次。

⑪ 消毒器械使用完毕后要用清水进行清洗，以防消毒液对其造成腐蚀。

⑫ 消毒后剩余的消毒液以及清洗消毒器械的水要专门进行处理，不可随意泼洒污染环境。

（三）猪场消毒程序

猪场、舍的消毒有舍内消毒和舍外消毒，舍内消毒有空舍消毒、带猪消毒、感染猪场消毒，舍外消毒是定期对猪舍周围、场区及运输车辆等的消毒。

1. 空舍消毒

空舍消毒是针对"全进全出"饲养工艺的猪舍和新舍的消毒。每次猪群转出后，都要对舍内及设备和用具进行一次彻底的消毒后才能转入新猪群。目的是清除猪舍及设备上的病原微生物，切断各种病原微生物的传播链，以确保上一群猪不对下一群造成健康和生产性能上的垂直影响。对连续使用的猪舍每年至少在春秋两季各进行一次彻底的消毒。

猪场舍的消毒程序是：一喷雾消毒、二清扫、三冲洗、四消毒、五空舍。

第一步是"喷雾消毒"：先用3%～5%氢氧化钠溶液或常规消毒液进行一次喷洒消毒，如果有寄生虫须加用杀虫剂，防止粪便、飞羽、粉尘飞扬和污物扩散等污染环境。

第二步是"清扫"：一是清除剩余饲料；二是清除猪舍内垃圾和墙体、通风口、天花板、横梁、吊架等部位的灰尘积垢；三是清除舍内及其设备、用具上遗留的污物、饲料残渣；四是清除猪粪、毛等。最后将所有废弃物垃圾运出场区进行无害化处理。

第三步是"冲洗"：清扫后，用高压清洗机将舍内墙面、顶棚、门窗、地面及其他设施等由上到下、由内向外彻底冲洗干净。

第四步是"消毒"：用2~3种不同的消毒药进行消毒。如冲洗干净后，用5%浓度的氢氧化钠等消毒液进行喷洒消毒。再用火焰消毒器对舍内地面尤其是清粪通道、离地面1.5m内的墙壁进行火焰扫烧消毒。关闭门窗，用甲醛气体进行熏蒸消毒或用其他高效消毒剂进行喷洒消毒。24h后打开门窗进行通风，以排除消毒剂的气味，也可采用风机进行强制排风。对于开放和半开放式牛舍不能进行熏蒸消毒，可用火焰消毒器进行扫烧消毒。

第五步是"空舍"：喷洒消毒药后要空舍3~5天再进猪，让舍内自然晾干，再换一种消毒药水来喷洒，或用高锰酸钾和福尔马林熏蒸。进猪前要用清水冲洗地面、栏和食槽等设备，以免残留的消毒剂对猪只造成伤害。消毒之前必须进行冲洗作业，消毒不能代替冲洗，同样冲洗不能代替消毒。

2. 带猪消毒

带猪消毒是指在猪饲养期内，定期用一定浓度的消毒药液对猪舍内的一切物品及猪体、空间进行喷洒或熏蒸消毒，以清除猪舍内的多种病原微生物，阻止其在舍内积累，同时降低舍内空气中浮尘和氨气浓度、净化舍内空气，防止疾病的发生。

带猪消毒常用苯扎溴铵（新洁尔灭）、甲酚皂溶液（来苏儿）等对猪体无害的消毒剂，采用喷雾的方法。消毒时应将喷雾器喷头高举空中，喷嘴向上喷出雾粒，雾粒可在空中缓缓下降，除与空气中的病原微生物接触外，还可与空气中尘埃结合，起到杀菌、除尘、净化空气，减少臭味的作用，在夏季并有降温的作用。要求雾粒直径应控制在80~100pm，雾粒过大则在空中下降速度太快，起不到消毒空气的作用；雾粒过细则易被猪吸入肺泡，引起肺水肿、呼吸困难。分娩舍和保育舍1~2天进行1次带猪消毒。其他猪舍夏季每1~2天进行1次、春秋季每3~5天进行1次、冬季每7~10天进行1次消毒。

实践证明，猪喷雾消毒可有效控制猪气喘病、猪萎缩性鼻炎等，其效果比抗生素鼻内喷雾和饲料拌喂更好。

注意：不要使用常温烟雾机进行带猪消毒，以免雾粒直径过小而被猪将消毒液吸入肺部引起肺水肿，甚至诱发呼吸道疾病。

饮水消毒时选择水溶性好的预防、保健、治疗药。水剂一般优于粉剂；在条件允许的情况下，尽量采用可饮水的拌料。首先了解药物的理化性质与水质特点，对饮水进行相应处理；联合用药时注意药物的配伍禁忌；特别注意在饮水处理（投药物或维生素等）后立即以1.5~3.0Pa的压力冲洗管道，可以防止营养物质附着于水管管壁，再用含消毒剂的水浸泡2h左右，即可有效控制生物污染和生物膜的形成。

3. 感染猪场消毒

对于已经发生一般性传染病的猪场，应立即对病猪进行隔离治疗，同时迅速确定病原微生物种类，选择适宜的消毒剂和消毒液的浓度，对整个猪场进行彻底的消毒。做好严格的消毒工作是控制疫病流行、将损失减小到最低程度的关键。猪的几种主要疫病的消毒剂及使用方法见下表。如发生口蹄疫等烈性传染病后，应立即报告上级畜禽主管部门对养殖场进行封锁和捕杀，并对全场进行彻底的消毒。疫情结束半年以后经批准方可进行新的养殖。

猪的几种主要疫病的消毒剂和使用方法

疫病名称	消毒剂及浓度	消毒方法	备注
口蹄疫	5%氢氧化钠	喷雾	热消毒液效果更好
猪瘟	5%氢氧化钠、5%漂白粉等	喷雾	
乙型脑炎	5%苯酚(石碳酸)、3%甲酚皂溶液(来苏尔)等	喷雾	每天用敌百虫毒杀蚊虫等
猪流感	3%氢氧化钠、5%漂白粉等	喷雾	
猪伪狂犬病	3%氢氧化钠、生石灰等	喷雾、铺洒	
猪传染性胃肠炎、猪流行性腹泻	0.5%氢氧化钠、含氯类消毒剂等	喷雾	
大肠杆菌病(黄白痢)	2%氢氧化钠	喷雾	
猪繁殖和呼吸障碍综合征(蓝耳病)	3%氢氧化钠、5%漂白粉等	喷雾	
猪洗消病毒病	2%氢氧化钠、3%甲酚皂溶液等	喷雾	
猪胸膜肺炎	3%氢氧化钠、5%漂白粉等	喷雾	
猪萎缩性鼻炎	3%氢氧化钠、生石灰等	喷雾、铺洒	

猪场发生一般性传染病后，对于已经死亡的猪要在专门地点进行焚烧、深埋等无害化处理，对于发病的猪要转到隔离舍进行治疗。对发现有病的猪舍按照下列程序进行消毒。

① 用消毒液对整个猪舍进行喷雾消毒。

② 喷雾消毒作用一定时间后清除病猪的排泄物，用专车将其送到指定地点进行无害化处理。

③ 用5%氢氧化钠热消毒液冲洗地面、设备等。

④ 再次喷洒消毒液。对于因感染而空圈的猪舍，还可用甲醛等进行熏蒸消毒。对于其他猪舍和场区环境，应用特定的消毒液进行喷雾消毒。

4. 运动场消毒

猪的运动场的消毒可按以下程序进行：清扫→冲洗→喷洒消毒→进猪前冲洗地面栏和食槽等设备。

猪运动场喷雾消毒夏季每天1次，春秋季每2～3天进行1次，冬季每7天进行1次。对带猪栏的运动场和猪舍墙壁、天花板，每半年要用石灰乳粉刷1次。

5. 运猪车辆的消毒

对于运输猪的车辆，每次回场或使用完毕后，要在专门的地点对其进行清洗消毒，按照清除遗留粪便→5%浓度氢氧化钠消毒液冲洗干净→再次喷洒其他消毒药液→干燥一定时间→清水冲洗→暴晒5h以上→存放，以备下次使用。

6. 四季灭鼠，夏季灭蚊蝇

鼠药每季度投放一次，须投对人、猪无害的鼠药。在夏季来临之际在饲料库投放灭蚊蝇药物。

 技能训练

根据要求完成《实践技能训练手册》中技能训练单26。

项目二　消毒设备的使用与维护

【案例导入】 某养殖场消毒设备安全事故的警示

1. 事故发生经过

某生猪养殖场为了预防疫病，决定对养猪场进行消毒。起初，工人们使用斗车装烧碱粉（氢氧化钠）和水，用瓢洒水的方式进行人工消毒。后来，为了提高消毒效率，养殖场自行购买了一台新能源电动洒水车，并要求工人使用该设备进行消毒。在操作过程中，工人罗某启动洒水车发动机后，洒水车的喷洒胶管突然爆裂，导致烧碱水飞溅到他的脸部和衣服上，造成双眼严重受伤。

2. 事故性质认定

该事故被认定为一起因设备故障和操作不当引起的工伤事故。

3. 事故发生原因

（1）设备问题：新能源电动洒水车喷洒胶管存在质量问题，导致在高压工作状态下突然爆裂。

（2）操作不当：工人在使用新设备前未进行充分的培训和安全指导，对设备的操作方法和应急处理措施不了解。

（3）安全管理缺失：养殖场在引入新设备时未能提供充分的安全培训和操作指导，未能确保作业环境的安全。

4. 启示

（1）设备质量控制：养殖场在采购设备时应严格把控设备质量，尤其是涉及化学品处理的设备，必须符合安全标准。

（2）安全培训：对于新引入的设备，必须对操作人员进行详细的安全操作培训，确保他们了解设备的正确使用方法和紧急情况下的应对措施。

（3）应急准备：养殖场应制定详细的应急预案，包括化学品泄漏、设备故障等情况的快速响应措施。

（4）定期维护：对所有设备进行定期的检查和维护，及时发现并解决潜在的安全隐患。

学习目标

1. 知识目标
- 能够说明不同消毒设备的工作原理和操作方法；
- 能够清晰描述不同消毒设备的操作规程及使用时的注意事项；
- 熟悉消毒设备的日常维护和保养方法。

2. 能力目标
- 结合消毒设备结构特点，能够正确使用该设备，确保消毒效果；
- 能够熟练掌握消毒设备的日常维护和保养方法，延长设备使用寿命；
- 能够遵守安全操作规程，避免触电事故的发生。

3. 素质目标

- 能够牢记职业规范，遵守消毒用药使用规范；
- 增强安全意识，避免触电事故的发生。

 知识储备

一、消毒设备操作前的准备

① 操作者穿戴好防护用品，进入养殖区时必须淋浴消毒、更换工作服、戴口罩。

② 提前打扫养殖舍等环境，清洁设备，要求地面、墙壁、设备干净、卫生、无死角。

③ 喷雾消毒前应提前关闭养殖舍门窗，减少空气流动，消毒液在空气和物体表面起充分作用。

④ 根据猪的年龄、体质状况以及季节和传染病流行等污染源的特点等因素，选择消毒剂和消毒机械。

⑤ 按照使用说明书要求在容器内规范配制好药液，不要在喷雾器内配制药液。

⑥ 配制可湿（溶）性粉剂消毒剂：

a. 根据给定条件配置浓度和药液量，正确计算可湿性粉剂用量和清水用量。

b. 配制消毒液，首先将计算出的清水量的一半倒入药液箱中，再用专用容器将可湿性粉剂加少量清水搅拌，然后加一定清水稀释、搅拌并倒入药液箱中。最后将剩余的清水分2~3次冲洗量器和配药专用容器，并将冲洗水全部加入药液箱中，用搅拌棒搅拌均匀。盖好药液箱盖，清点工具，整理好现场。

⑦ 配制液态消毒剂 本项配制的步骤与上述⑥基本相同，其不同之处在于配制母液。先用量杯量取所需消毒剂量，倒入配药桶中。再加入少许水，配制成母液，用木棒搅拌均匀，倒入药液箱中。

⑧ 检查消毒机械的技术状态并清洗机械。

⑨ 检查供水系统是否有水，舍内地面排水沟、排水口是否畅通。

⑩ 检查供电系统电压是否正常、线路绝缘及连接是否良好、保护开关灵敏有效。

⑪ 检查猪舍内其他电器设备的开关是否断开，防止漏电事故发生，猪舍内开关、插座等防水设施是否完好。

二、消毒设备使用

1. 高压清洗机使用

（1）高压清洗机工作原理

高压清洗机工作原理，以 CQD-10 型为例（图 8-2-1），该机由单相电容异步电机、机座、联轴套、进水阀、柱塞泵、出水阀、管路、手喷枪等组成。工作时，电动机驱动三柱塞泵的偏心轴，使三柱塞往复运动。当柱塞后退时，出水单向阀关闭，柱塞缸内形成真空，进水单向阀打开，水通过单向阀被吸入缸内；当柱塞前进时，进水单向阀关闭，缸内水的压力增高，打开出水阀，压力水进入蓄能管路，通过单向阀门到高压胶管内（即手喷枪阀的后腔），打开手喷枪阀扳机（开关），高压水通过喷嘴射出，进行清洗工作。通过更换不同形状的喷嘴，可以获得水滴大小不一的高压水流。偏心轴每转动一周，三个柱塞各完成一次吸、排水过程。CQD-10 型高压清洗机的工作压力为 6~7MPa，配套单相电机功率为 1.3kW，流量为 9.83L/min。

高压清洗机的进水管与盛消毒液的容器相连，还可进行猪舍的消毒。

（2）高压清洗机操作前技术状态检查

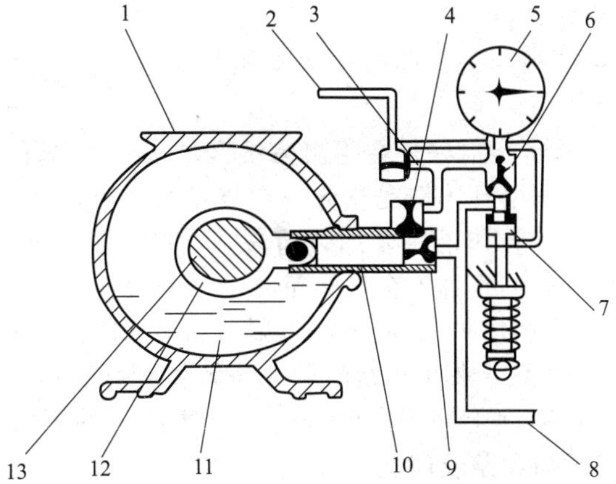

图 8-2-1　CQD-10 型高压清洗机工作原理
1—偏心轴箱；2—出水管枪阀；3—单向阀；4—出水单向阀；5—压力表；6—单向阀；7—卸荷阀；8—进水管；
9—进水单向阀；10—柱塞；11—油；12—连杆；13—偏心轴

① 检查操作者是否穿戴好绝缘雨靴、防护服、头盔、口罩、护目镜、橡胶手套等防护用品。
② 检查操作者进入养殖区时是否淋浴消毒。
③ 检查器械，喷雾器、天平、量筒和容器等是否准备齐全。
④ 检查猪舍和舍内设备是否清洁。要求舍内地面、墙壁无猪粪、毛、蜘蛛网等其他杂物，设备干净、卫生、无死角。
⑤ 检查供水系统是否有水。
⑥ 检查舍内地面排水沟、排水口是否畅通。
⑦ 检查供电系统电压是否正常、线路是否绝缘、连接良好、开关灵敏有效。
⑧ 检查猪舍内其他电器设备的开关是否断开，防止漏电事故发生。
⑨ 检查清洁剂。是否已经批准可用于高压清洗机里的清洁剂，并仔细地读清洁剂上的标签以确定不会给动物或人带来可能的危险；不要使用漂白剂。
⑩ 检查高压清洗机作业前技术状态是否良好。
⑪ 检查高压管路无漏水现象、无打结和不必要的弯曲，管路无松弛、鼓起和磨损情况。
⑫ 检查高压水泵各连接件、紧固件是否安装正确、完好，无漏水现象，每分钟漏水超过 3 滴水，须修理或更换。
⑬ 检查高压水泵运行的声音是否正常，无漏油现象。
⑭ 检查油位指示器的油位是否位于两个指示标志之间。
⑮ 检查进水过滤器窗口，看是否有碎片堵塞。碎片会限制进泵水流导致机器工作效果变差，如果窗口变脏或堵住，应拆下来清洗或更换。
⑯ 选择喷嘴。低压喷嘴可以让设备吸入清洁剂，高压喷嘴可以用不同的喷射角度来喷射水。每一种喷嘴都有不同的扇形喷射角，范围为 0°～40°。
⑰ 检查喷嘴部位无漏水、喷嘴孔无堵塞。如果堵塞，用喷嘴孔清洗工具清理堵塞物。使用前，用干净的水冲洗清洗机和软管内的碎片，确保喷嘴、软管畅通，使水流最大，同时排除设备内空气。
⑱ 检查加热装置技术状态是否完好。
（3）高压清洗机的操作
① 连接水源。使用供水软管连接设备与水源（水龙头），供水软管不应直接连接设备与水源，须加装止逆阀，打开进水口。
② 从支架上将全部高压水管拉下来，将设备开关调到"1"，此时，指示灯会变绿。

③ 释放手喷枪锁和枪杆，扳动手喷枪的扳机。

④ 通过旋转压力流量控制开关，调整操作水压与流速，使用高压束状射流冲去猪舍墙壁、地面和设备表面污物。

⑤ 调整操作水压与流速时，最好是在距离清洗区域1~2m远的地方启动设备，采用一个大的扇形喷射角范围，并根据具体情况相应地调整喷射距离和喷射角度，左右移动喷枪杆来回几次并检查表面是否干净。如果需要加强清洗，将喷枪杆移动靠近表面（30~50cm）。这将得到一个更好的清洗效果。并且不会损坏正在清洁的表面。

⑥ 当使用清洁剂时，从物体的底部开始喷射逐渐达到物体顶点。在冲洗前暂停5~10min，让清洁剂在物体上停留下来并开始消散，分解掉所有的污物。但不能让清洁剂在物体上停留时间太长以至于在表面上变干。冲洗时，从物体顶部开始冲洗逐渐往下到物体底部，直到整个表面没有清洁剂和条纹印。

⑦ 猪进舍之前、出栏后必须对舍和设备进行清洗和消毒，冲洗猪舍时按照先上后下、先里后外的顺序，保证冲洗效果和工作效率，同时还可以节约成本。冲洗的具体顺序为：顶棚、笼架、食槽、进风口、墙壁、地面、粪沟，防止已经冲洗好的区域被再度污染。墙角、粪沟等角落是冲洗的重点，避免形成死角。

⑧ 操作中途中断时，将手喷枪的扳机释放，设备关闭，再次释放扳机时，设备将再次启动。

⑨ 清洗结束时，将清洁剂计量阀调到"0"，并将设备启动持续1min，用水流清除机器内残留的清洁剂。

⑩ 关闭设备时，将设备开关调到"0"，将电源插头拔出，关闭进水管，扳动扳机，直到设备没有压力，将手喷枪上的安全装置朝前推锁上，以防止误启动。

⑪ 设备长距离移动时，抓住手推柄朝前推拉。

⑫ 设备保存时，将手喷枪安置在支架上，卷起高压软管，将高压软管卷到软管轴上，压下曲柄，将软管轴上锁，将连接电缆卷到电缆支架上。

⑬ 当设备在寒冷环境下使用时，必须增加防冻措施。具体做法是：将喷枪（喷头）摘下，将出水管道插进供水水箱，开机，使防冻剂在设备管路内循环。如果泵或软管中的水已经结冰，泵机组必须在设备除冰后将喷枪（喷头）摘下，使低压水流经设备以确保设备中无冰渣后，方可重新启动。

⑭ 注意事项：操作人员进入养殖区时必须穿戴好防护用品，并淋浴消毒、更换工作服、戴口罩。清洗机不应与自来水管路直接连接，若需短暂连接必须配专用止逆阀。要求清洗后无任何杂物。禁止对人喷水。不要用喷射的水直接清洗机器本身，否则高压的水会损坏机器零部件。

2. 背负式手动喷雾器使用

(1) 作业前技术状态检查

① 检查喷雾器的各部件安装是否牢固。

② 检查各部位的橡胶垫圈是否完好。新皮碗在使用前应在机油或动物油（忌用植物油）中浸泡24h以上。

③ 检查开关、接头、喷头等连接处是否拧紧，运转是否灵活。

④ 检查配件连接是否正确。

⑤ 加清水试喷。

⑥ 检查药箱、管路等密封性，不漏水漏气。

⑦ 检查喷洒装置的密封和雾化等性能技术状态是否良好。

(2) 操作背负式手动喷雾器进行消毒作业

① 操作人员进入养殖区时必须穿戴好防护用品，并淋浴消毒、更换工作服、戴口罩。

② 检查调整好机具。正确选用喷头片，大孔片流量大、雾滴粗；小孔片则相反。

③ 往喷雾器加入药液。要先加三分之一的水，再倒入药剂，后再加水达到药液浓度要求，但注意药液的液面不能超过药箱安全水位线。加药液时必须用滤网过滤，注意药液不要散落，人要站在上风处加药，加药后要拧紧药箱盖。

④ 初次装药液，由于喷杆内含有清水，需试喷雾 2～3min 后，开始使用。

⑤ 喷药前，先扳动摇杆 10 余次，使桶内气压上升到工作压力。扳动摇杆时不能过分用力，以免气室爆炸。

⑥ 喷药作业注意事项。一是消毒顺序：按照从上往下、由舍内向舍外的顺序，即先房梁、屋面、墙壁、笼架，最后地面的顺序。二是采用侧向喷洒：即喷药人员背机前进时，手提喷管向一侧喷洒，一个喷幅接一个喷幅，并使喷幅之间相连接区段的雾滴沉积有一定程度上的重叠，但严禁停留在一处喷洒。三是消毒方法：喷雾时将喷头举高，喷嘴向侧上以画圆圈方式先里后外逐步喷洒，使雾粒在空气中呈雾状慢慢飘落，除与空气中的病原微生物接触外，还可与空气中的尘埃结合，起到杀菌、除尘、净化空气、减少臭味的作用。若是敞开式舍区，作业时根据风向确定喷洒行走路线，走向应与风向垂直或成不小于 45°的夹角，操作者在上风向，喷射部件在下风向，开启手把开关，按预定速度和路线边进行喷射，喷施时采用侧向喷洒。操作时还应将喷口稍微向上仰起，并离物体表面 20～30cm 高，喷洒幅宽 1.5m 左右，当喷完第一幅时，先关闭药液开关，停止扳动摇杆，向上风向移动，行至第二宽幅时再扳动摇杆，打开药液开关继续喷药。

⑦ 喷洒结束清洗喷雾器。工作完毕，应对喷雾器进行减压，再打开桶盖，及时倒出桶内残留的药液，并换清水继续喷洒 2～5min，清洗药具和管路内的残留药液。冲洗喷雾器的水不要倒在消毒物品或消毒地面上，以免降低局部消毒药液的浓度。卸下输药管、拆下水接头等，排除药具内积水，擦洗掉机组外表污物，并将其放置在通风干燥处保存。

⑧ 作业注意事项：

消毒液配制前必须了解选用消毒药剂的种类浓度及用量。应先配制溶解后再过滤装入喷雾器中，以免残渣堵塞喷嘴。

药物不能装得太满，以八成为宜，避免出现打气困难或造成筒身爆裂。

喷雾时喷头切忌直对猪头部，喷头应距离猪体表面 60～80cm，喷雾量以地面、舍内设备和猪体表面微湿的程度为宜。

喷雾雾粒应细而均匀，雾粒直径应为 80～120μm，雾粒过大则在空中下降速度太快，起不到消毒空气的作用，还会导致喷雾不均匀和猪舍潮湿；雾粒过小则易被猪吸入肺中，引起肺水肿、呼吸困难等呼吸疾病。

喷雾时尽量选择在气温较高时进行，冬季最好选在 11：00～14：00 进行。

喷雾消毒时间最好固定，且应在暗光下进行，降低猪的应激。

带猪消毒会降低舍内温度，冬季应先适当提高猪舍温度后再喷药（最好不低于 16℃）。

猪接种疫苗期间前后 3 天禁止喷雾消毒，以防影响免疫效果。

猪舍喷雾消毒后应加强通风换气，便于猪体表、舍内设备和墙壁、地面干燥。

消毒次数根据不同养殖对象的生长状况、季节和病原微生物的种类而定。

3. 背负式机动弥雾喷粉机使用

(1) 作业前技术状态检查

① 按背负式手动喷雾机技术状态检查内容进行检查。

② 检查汽油机汽油量、润滑油量、开关等技术状态是否良好。

③ 检查风机叶片是否变形、损坏，旋转时有无摩擦声。

④ 检查轴承是否损坏，旋转时有无异响。

⑤ 检查合格后加清水，启动汽油机进行试喷和调整。

（2）操作背负式机动弥雾喷粉机进行消毒作业

① 操作人员进入养殖区时必须穿戴好防护用品，并淋浴消毒、更换工作服、戴口罩。

② 按照使用说明书的规定检查调整好机具，使药箱装置处于喷液状。如汽油机转速调整（油门为硬连接）：按启动程序启动喷雾机的汽油机，低速运转 2～3min，逐渐提升油门至操纵杆上限位置，若转速过高，旋松油门拉杆上的螺母，拧紧拉杆下面的螺母；若转速过低，则反向调整。

③ 加清水进行试喷。

④ 添加药液。加药液时必须用滤网过滤，总量不要超过药箱容积的四分之三，加药后要拧紧药箱盖。注意药液不要散落，人要站在上风处加药。

⑤ 启动机器。启动汽油机并低速运转 2～3min，将机器背上，调整背带，药液开关应放在关闭位置，待发动机升温后再将油门全开达额定转速。

⑥ 喷药作业。消毒顺序、路线、方法、方向和速度同手动喷雾器作业。其喷洒幅宽 2m 左右，当喷完第一幅时，先关闭药液开关，减小油门，向上风向移动，行至第二宽幅时再加大油门，打开药液开关继续喷药。

⑦ 停机操作。停机时，先关闭药液开关，再减小油门，让机器低速运转 3～5min 再关闭油门，汽油机即可停止运转，然后放下机器并关闭燃油阀。切忌突然停机。

⑧ 清洗药机。换清水继续喷洒 2～5min，清洗泵和管路内的残留药液。卸下吸水滤网和输药管，打开出水开关，将调压阀减压，旋松调压手轮，排除泵内积水，擦洗掉机组外表污物。严禁整机浸入水中或用水冲洗。

⑨ 作业注意事项：

机器使用的是汽油，应注意防火，加完油将油箱盖拧紧。严禁在机旁点火或抽烟，作业中需加油时必须停机，待机冷却后再加油。

开关开启后，随即用手左右摆动喷管，增加喷幅，前进速度与摆动速度应适当配合，以防漏喷影响作业质量。严禁停留在一处喷洒，以防引起药害。

控制单位面积喷量。除行进速度调节外，移动药液开关转芯角度，改变通道截面积，也可以调节喷量大小。

作业中发现机器运转不正常或其他故障，应立即停机，关闭阀门，放出筒内的压缩空气，降低管道中的压力，进行检查修理。待正常后继续工作。

在喷药过程中，不准吸烟或吃东西。

喷药结束后必须用肥皂洗净手、脸，并及时更换衣服。

（3）操作背负式机动弥雾喷粉机进行喷粉作业

① 穿戴好防护用品，并淋浴消毒、更换工作服、戴口罩。

② 按照使用说明书的规定调整机具，使药箱装置处于喷粉状态。如粉门的调整：当粉门操作手柄处于最低位置，粉门仍关不严，有漏粉现象时，用手扳动粉门轴摇臂，使粉门挡粉板与粉门体内壁贴实，再调整粉门拉杆长度。

③ 粉剂应干燥，不得有杂草、杂物和结块。不停机加药时，汽油机应处于怠速运转状态，关闭挡风板及粉门操纵手柄，加药粉后，旋紧药箱盖，并把风门打开。

④ 背机后将手油门调整到适宜位置，稳定运转片刻，然后调整粉门开关手柄进行喷施。

⑤ 使用长喷管进行喷粉时，先将薄膜塑料管从摇柄组装上放出，再加油门，能将长薄膜塑料管吹起来即可，转速不要过高，然后调整粉门喷施，为防止喷管末端存粉，前进中应随时抖动喷管。

⑥ 停止操作和清洗药机：方法同喷洒液态消毒剂。

4. 常温烟雾机使用

(1) 作业前技术状态检查

① 按前述检查机电及线路等共性技术状态。

② 按检查背负机动式喷雾器技术状态内容进行检查。

③ 检查空气压缩机的性能是否完好。

④ 检查三角支架的性能是否完好。

(2) 操作常温烟雾机进行消毒作业

① 要仔细阅读使用说明书,并严格按照操作规程进行操作。

② 首先要关闭门窗,以确保消毒效果。

③ 在喷药前,将喷雾系统和支架置于舍内中间走道(若无中间走道则置于舍内中线)、离门5m左右的地方,调节喷口高度离地面1m左右,喷口仰角2°~3°。

④ 配制好的消毒药液必须通过过滤器注入药箱,以免堵塞喷嘴。工作时药箱要与支架锁定。

⑤ 接通电源开关、电机开关,打开药液开关。

⑥ 工作时工作人员在舍外监视机具的作业情况,不可远离,发现故障应立即停机排除。

⑦ 严格按喷洒时间作业,一般300m长的猪舍喷洒30min左右即可。

⑧ 停机时先关空气压缩机,5min后再关轴流风机,最后关漏电开关。

⑨ 喷洒消毒药物后,猪舍的门窗要密闭6h以上。

⑩ 一栋舍喷洒完消毒药物后,将喷雾系统和支架移出(切记不可带电移动),装车转移到其他舍继续作业。

⑪ 所有作业完成后要将机具清洗。先将吸液管拔离药箱,置于清水瓶内,用清水喷雾5min,以冲洗喷头、管道。用专用容器收集残液,然后清洗药箱、喷嘴帽、吸水滤网和过滤盖。擦净(不可用水洗)风筒内外面、风机罩、风机及其电机外表面、其他外表面的药剂和污垢。

⑫ 作业注意事项:常温烟雾机不可用于带猪消毒,以免猪吸入烟雾后引起呼吸道疾病。

5. 电动喷雾器使用

① 充电。购机后立即充电,将电瓶充满电。因为电瓶出厂前只有部分电量,完全充满后方可使用。一般充电时间为5~8h。因为充电器具有过充电保护功能,充满后自动断电,不会因为忘记切断电源长时间过充电而损伤电瓶。

② 充电时,必须使用专用的充电器,与220V电源连接。充电器红灯亮,表示正在充电。绿灯亮,表示充电基本完成,但此时电量较虚,需要再充1~2h才能真正充满。每次电量用完后必须及时充电,避免长时间不充电造成电瓶损耗,影响使用寿命。

③ 喷雾器配有单喷头、双喷头,使用时根据物体形状的不同,选用不同的喷头。例如:喷较高的屋面,可以使用喷雾器的药桶,也可以利用大水管放在地上,配20~30m的长水管喷药,本身喷的水雾可以高达7~8m,把喷杆加长可以喷到十几米以上。如果喷施面积较大,可以另备一只更大容量的电瓶,打开活门就可以更换。

④ 必须使用干净水,慢慢加入,添加药液时必须使用喷雾器配有的专用过滤网。

⑤ 喷药方法参见机动弥雾机作业。

⑥ 每次使用要留一定的电,不然就会亏电,用完后(无论使用时间长短)立即充电,这样可以延长电瓶的寿命。

⑦ 清洗,加一些清水让它喷出去,可减少农药对水泵的腐蚀。

⑧ 喷雾器一般两三个月充一次电,保证电瓶不亏电,可以延长电瓶的使用寿命。

三、消毒设备维护

1. 高压清洗机的技术维护

① 维修和保养前必须拔掉电源插头。作业前，必须检查所有电器盒、接头、旋钮、电缆和仪器、仪表有无损坏，开关和保护装置动作灵敏可靠。

② 过滤器要求定期清洁。清洁步骤为：释放设备内部压力，将外盖上的螺钉卸下来，将外盖打开，使用干净的水或高压空气清洁过滤器，最后将设备重新装好。

③ 定期检查传动带松紧度和所有保护装置安全可靠、无损坏。

④ 检查拖车的支撑、连接和轮胎等，保持其完好移动。

⑤ 在第一次使用50h后，必须换油，之后每100h或至少1年换油一次。步骤为：将外盖上的螺钉卸下来，将外盖打开，将电机外盖上前排油塞拔下来，将旧机油排到一个合适的容器中，将油塞重新塞回去，缓慢地注入新的机油，要避免机油中混有气泡。机器型号要与机油型号相匹配，油量按产品说明书要求注入。

⑥ 每3个月对高压清洗机做一次季度检修，主要检修对象包括：检查工作油的污染程度和特性值是否良好，如不正常，更换新油；检查高压喷嘴有无附着物或损伤，并作检修或更换处理；清洗和更换各种过滤器；检查软管是否存在松动或鼓起等问题；检修各种阀、接头及喷枪等零部件。

⑦ 每年度检修一次，主要检修对象包括：油冷却器的污染状况；油箱内表面的锈蚀状况；更换通气元件；高压缸内面的损伤状况；工作油的劣化程度；单向阀芯与阀座的接触面的状态；高压水泵的活塞漏油状况；活塞杆的磨损和损伤状况等。

⑧ 定期维护加热装置。清除喷油嘴积炭，检修风机、油泵，清洗或更换滤芯器等。

⑨ 冬季存放时应放在不易结冰的场所，如不能保证，宜将清洁剂箱清空，将设备的水排空。

2. 背负式手动喷雾机的技术维护

① 作业后放净药箱内残余药液。

② 用清水洗净药箱、管路和喷射部件，尤其是橡胶件。

③ 清洁喷雾机表面泥污和灰尘。

④ 在活塞筒中安装活塞杆组件时，要将皮碗的一边斜放在筒中，然后使之旋转，将塞杆竖直，另一只手帮助将皮碗边沿压入筒内就可顺利装入，切勿硬性塞入。

⑤ 所有皮质垫圈存放时，要浸足机油，以免干缩硬化。

⑥ 检查各部螺栓是否有松动、丢失。如有松动、丢失，必须及时旋紧和补齐。

⑦ 将各个金属零件涂上黄油，以免锈蚀。小零件要包装，集中存放，防丢失。

⑧ 保养后的机器应整机罩一层塑料膜，放在干燥通风的地方，远离火源，并避免日晒雨淋。以免橡胶件、塑料件过热变质，加速老化。但温度也不得低于0℃。

3. 背负式机动弥雾喷粉机的技术维护

① 按背负式手动喷雾机的程序进行维护保养。

② 机油与汽油比例：新机或大修后前50h，比例为20∶1；其他情况下，比例为25∶1。混合油要随用随配。加油时必须停机，注意防火。

③ 机油应选用二冲程专用机油，也可以用一般汽车用机油代替，夏季采用12号机油，冬季采用6号机油，严禁使用拖拉机油底壳中的机油。

④ 启动后和停机前必须空载低速运转3~5min，严禁空载大油门高速运转和急剧停机。

新机器在最初 4h，不要加速运转，每分钟 4000～4500 转即可。新机磨合要达 24h 以后方可加负荷工作。

⑤ 喷施粉剂时，要每天清洗汽化器、空气滤清器。

⑥ 长塑料管内不得存粉，拆卸之前空机运转 1～2min，借助喷管风力将长管内残粉吹尽。

⑦ 长期不用，应放尽油箱内和汽化器沉淀杯中的残留汽油，以免油针等结胶。取出空气滤清器中的滤芯，用汽油清洗干净。从进气孔向曲轴箱注入少量优质润滑油，转动曲轴数次。

⑧ 防锈蚀。用木片刮火花塞、气缸盖、活塞等部件的积炭，并用润滑剂涂抹，同时润滑各活动部件，以免锈蚀。

4. 常温烟雾机的技术维护

① 参照背负式手动和机动喷雾机的程序进行维护保养。

② 参照对电动机、空气压缩机、风机用线路等机电共性技术维护内容进行。

四、消毒设备常见故障诊断与排除

1. 高压清洗机常见故障诊断与排除

高压清洗机常见故障诊断与排除方法，参考表 8-2-1。

表 8-2-1　高压清洗机常见故障诊断与排除

故障名称	故障现象	故障原因	排除方法
指示灯报警	指示灯持续显示红色	设备电源出现问题	拔出插头，找专业人士修理
水压不足	水枪压力低或没有压力	1. 进水过滤器堵塞 2. 供水量不足 3. 管路系统内有空气和杂物 4. 喷嘴孔堵塞或磨损 5. 泵内水封损坏	1. 清洁过滤器 2. 确保水龙头、清洗机供水阀门全开和水管无堵塞 3. 排出管路系统里的空气和杂物 4. 拆下喷嘴，清洁堵塞孔或更换喷嘴 5. 更换水封
水枪出水少或水流分散	机器正常运转时，水枪不出水或者水射流不规则、分散	1. 管路系统内有空气和杂物 2. 喷嘴孔堵塞 3. 水泵流量阀未打开或坏了	1. 拆下喷嘴，启动机器用水排出系统里的空气和杂物 2. 拆下喷嘴，清洁堵塞孔 3. 打开水泵流量阀或更换
水压不稳	压力表在最大和最小之间抖动，压力不稳定	1. 进水过滤器堵塞 2. 喷嘴孔堵塞 3. 管路系统内有杂物或空气	1. 清洁过滤器 2. 拆下喷嘴，清洁堵塞孔 3. 拆下喷嘴，启动机用水排出杂物和空气
运行中有异响	运行中出现尖叫声	1. 电机轴承缺油或损坏 2. 高压水泵吸入了空气 3. 流量阀弹簧损坏	1. 在电机的注油孔注入黄油或更换轴承 2. 排出水泵内空气 3. 更换流量阀弹簧
水泵底部滴油	高压水泵底部滴油	泵内油封损坏	及时更换
润滑油变质	曲轴箱润滑油变浑浊或呈乳白色	高压水泵内油封密封不严或已经损坏	更换油封和润滑油
清洗机跳动	高压管出现剧烈振动	阀工作紊乱	中心加压

2. 背负式手动喷雾机常见故障诊断与排除

背负式手动喷雾机常见故障诊断与排除方法，参考表8-2-2。

表8-2-2 背负式手动喷雾机常见故障诊断与排除

故障名称	故障现象	故障原因	排除方法
压杆下压费力	1. 塞杆下压费力,压盖顶冒水 2. 松手后,杆自动上升	1. 气筒有裂纹 2. 阀壳中铜球有脏污,不能与阀体密合	1. 焊接修复 2. 消除脏污或更换铜球
塞杆下压过松	塞杆下压过松,松手自动下降,压力不足,雾化不良	1. 皮碗损坏 2. 底面螺母松动 3. 进水球阀脏污 4. 吸水管脱落 5. 安全阀卸压	1. 修复或更换皮碗 2. 拧紧螺母 3. 清洗球阀 4. 重新安装吸水管 5. 调整或更换安全阀弹簧
压盖漏气	气筒压盖和加水压盖漏气	1. 垫圈、垫片未垫平或损坏 2. 凸缘与气筒脱焊	1. 调整或更换新件 2. 焊修
雾化不良	喷头雾化不良或不出液	1. 喷头片孔堵塞或磨损 2. 喷头开头调整阀堵塞 3. 输液管堵塞 4. 药液无压力或压力低	1. 清洗或更换喷头片 2. 清除堵塞 3. 清除堵塞 4. 旋紧药箱盖,检查并排除压力低故障
漏液	连接部位漏水	1. 连接部位松动 2. 密封垫失效 3. 喷雾盖板安装不对	1. 拧紧连接部位螺栓 2. 更换密封垫 3. 重新安装

3. 背负式机动弥雾喷粉机常见故障诊断与排除

背负式机动弥雾喷粉机常见故障诊断与排除方法，参考表8-2-3。

表8-2-3 背负式机动弥雾喷粉机常见故障诊断与排除

故障名称	故障现象	故障原因	排除方法
喷粉时有静电	喷粉时产生静电	喷粉时粉剂在塑料喷管内高速冲刷,摩擦起电	在两卡环间以铜线相连,或用金属链将机架接地
喷雾量减少	喷雾量减少或不喷雾	1. 开关球阀或喷嘴堵塞 2. 过滤网组合或通气孔堵塞 3. 挡风板未打开 4. 药箱盖漏气 5. 汽油机转速下降 6. 进气管扭瘪	1. 清洗开关球阀和喷嘴 2. 清洗过滤网和通气孔 3. 打开挡风板 4. 检查胶圈并盖严 5. 查明原因并排除故障 6. 疏通管道或重新安装
药液进入风机	药液进入风机	1. 进气塞与胶圈间隙过大 2. 胶圈腐蚀失效 3. 进气塞与过滤阀组合之间进气管脱落	1. 更换进气胶圈或在进气塞的周围缠布 2. 更换胶圈 3. 重新安装并紧固
药粉进入风机	药粉进入风机	1. 吹粉管脱落 2. 吹粉管与进气胶圈密封不严 3. 加粉时风门未关严	1. 重新安装 2. 密封严实 3. 先关好风门再加粉
喷粉量少	喷粉量少	1. 粉门未完全打开或堵塞 2. 药粉潮湿 3. 进气阀未完全打开 4. 汽油机转速较低	1. 完全打开粉门或清除堵塞 2. 换用干燥的药粉 3. 完全打开进气阀 4. 检查并排除汽油机转速较低故障

续表

故障名称	故障现象	故障原因	排除方法
风机故障	运转时,风机有摩擦声和异响	1. 叶片变形 2. 轴承失油或损坏	1. 校正叶片或更换 2. 轴承加油或更换轴承
二冲程汽油机燃油系故障	油路不畅或不供油导致启动困难	1. 油箱无油或开关未打开 2. 接头松动或喇叭口破裂 3. 汽油滤清器积垢太多,衬垫漏气 4. 浮子室油面过低,三角针卡住 5. 化油器油道堵塞 6. 油管堵塞或破裂 7. 二冲程汽油机燃油混合配比不当	1. 加油,打开开关 2. 紧固接头,更换喇叭口 3. 清洗滤清器,紧固或更换衬垫 4. 调整浮子室油面,检修三角针 5. 疏通油道 6. 疏通堵塞或更换油管 7. 按比例调配燃油
	混合气过浓导致启动困难	1. 空滤器堵塞 2. 化油器阻风门打不开或不能全开 3. 主量孔过大,油针旋出过多 4. 浮子室油面过高 5. 浮子破裂	1. 清洗滤网,必要时更换润滑油 2. 检修阻风门 3. 检查主量孔,调整油针 4. 调整浮子室油面 5. 更换浮子
	混合气过稀导致启动困难、功率不足,化油器回火	1. 油道油管不畅或汽油滤清器堵塞 2. 主量孔堵塞,油针旋入过多 3. 浮子卡阻或调整不当,油面过低 4. 化油器与进气管、进气管与机体间衬垫损坏或紧固螺栓松动 5. 油中有水	1. 清洗油道,疏通油管,清洗滤清器 2. 清洗主量孔,调整油针 3. 检查调整浮子,保持油面正常高度 4. 更换损坏的衬垫,均匀紧固拧紧螺栓 5. 放出积水
	急速不良,转速过高或不稳	1. 节气门关闭不严或轴松旷 2. 急速量孔或急速空气量孔堵塞 3. 浮子室油面过高或过低 4. 衬垫损坏,进气歧管漏气,化油器固定螺栓松动	1. 检修节气门与节气门轴 2. 清洗疏通油道及油、气量孔 3. 调整浮子室油面高度 4. 更换衬垫,紧固螺栓
	加速不良,化油器回火,转速不易提高	1. 浮子室油面过低 2. 混合气过稀 3. 加速量孔或主油道堵塞 4. 主量孔堵塞或调节针调节不当 5. 油面拉杆调整不当 6. 节气阀转轴松旷,只能急速运转,不能加速	1. 调整浮子室油面 2. 调整进油量 3. 清洗加速量孔或主油道 4. 清洗主量孔,调整调节针 5. 调节拉杆,使节气阀能全开 6. 修理或更换新件
二冲程汽油机点火系故障	火花塞火花弱,启动困难	1. 如高压线端跳火强而电极间火花弱,说明火花塞绝缘不良或电极积炭,触点有油污,不跳火 2. 电容器、点火线圈工作不良 3. 电容器搭铁不良或击穿 4. 分火头有裂纹漏电	1. 清除积炭和油污或更换新件 2. 更换新件 3. 拆下重新安装,使搭铁良好 4. 更换分火头

续表

故障名称	故障现象	故障原因	排除方法
二冲程汽油机点火系故障	急速正常高速断火	1. 火花塞电极间距过大 2. 点火线圈或电容器有破损	1. 按要求调整电极间距 2. 更换新件
	加大负荷即断火	1. 火花塞电极间距过大 2. 火花塞绝缘不良	1. 按要求调整电极间距 2. 更换火花塞
	磁电机火花微弱	1. 断电器触点脏污或间隙调整不当 2. 电容器搭铁不良或击穿 3. 磁铁退磁 4. 感应线圈受潮 5. 断电器弹簧太软	1. 清理、磨平、调整触点间隙,必要时更换 2. 卸下并打磨搭铁接触部位,重新安装 3. 充磁 4. 烘干 5. 更换
	点火过早或过迟	1. 点火时间调整不当 2. 触点间隙调整不当	1. 按规定调整点火时间 2. 按要求调整点火间隙
运转不平稳	爆燃有敲击声和发动机断火	1. 发动机发热 2. 浮子室有水和沉积机油	1. 停机冷却发动机,避免长期高速运转 2. 清洗浮子室;燃油中混有水也可造成发动机断火,更换燃油

4. 常温烟雾机常见故障诊断与排除

常温烟雾机常见故障诊断与排除参照上述的电机、风机、喷雾系统等相关故障进行。

【资料卡】 猪场的隔离管理

（一）隔离的概念

隔离就是隔断、阻隔,使断绝往来或接触。隔离有多种形式,比如有形的隔墙、隔断,无形的隔阂、隔行。隔离是猪场生物安全体系建设的首要原则,让未感染动物远离已感染或潜在感染的动物和被污染物品,是阻止病原继续传播侵袭健康猪群的最有效途径之一。具体包括猪场的合理选址与布局,建设围墙、隔离区等,严格管控人员、猪群、车辆、物资、生物媒介的流动等措施。

（二）人员隔离点

人员隔离宿舍的位置要相对独立,四周空气清新,房间内部生活设施齐全、基本生活用品齐备、温度条件适宜、环境卫生整洁,内设卫生间、淋浴间,有网络、电视等休闲娱乐设施及干净的换洗衣物,安排人员每天按时送中央厨房统一做的三餐饭菜,收集餐余。让隔离人员服从安排,遵照隔离SOP(标准作业程序)流程、安心坦然接受48h的孤独隔离。

隔离人员应该注意个人卫生,特别是饭前便后勤洗手,如厕后及时彻底冲掉排泄物,每天洗澡换衣服。

隔离点工作人员要确保宿舍内的环境、设施设备及生活用品均经过彻底有效洗消且检测合格,生活用品的数量能够满足最长72h隔离期间的使用。

工作人员在注重自身生物安全的同时,不要在人员隔离期间进入宿舍做清洁打扫工作,防止发生交叉污染;等隔离人员隔离完成离开宿舍后,再进入隔离舍打扫房间、检查设施设备、彻底洗消、更换生活用品和换洗衣服等,完成上述工作后,也需要对自身进行严格的洗消。

1. 人员外围隔离点隔离

① 场内员工休假期间一律不得去猪场、屠宰场、动物产品交易场所等高风险生物安全场所。

② 员工返回猪场前，须在家中自行隔离24h以上，并电话通知场外隔离点管理人员。隔离期间不能出隔离场所管控范围之内。

③ 所有要进场人员到达猪场外隔离点房间门口，隔离点工作人员需检查人员随身携带的物资有无违禁（不得含有猪相关制品，包括火腿肠、水饺等）物品。

④ 物资检查无误后，登记相关信息，签署生物安全承诺书，然后洗澡，更换隔离服（鞋）。

⑤ 将穿戴及携带的所有衣物、鞋，放进盛有1∶200卫可消毒液的桶内浸泡消毒至少1h（卫可消毒液必须使用量具，现用现配），然后进行彻底清洗。

⑥ 隔离人员穿隔离服在指定隔离宿舍隔离48h以上（至少1个白天2个晚上），严禁随意到处走动。隔离期间的生活起居、洗漱用餐、娱乐健身均在隔离点宿舍内进行，隔离人员不得离开隔离宿舍房间，以便将在猪场外面摄入的食物彻底代谢排出体外。

⑦ 场外隔离点宿舍必须实施批次化管理，隔离结束后隔离人员立即将床单、被罩、枕罩拆卸下来进行清洗消毒（衣物专用消毒液）、晾晒；将隔离宿舍、卫生间卫生打扫干净，标准为无可视垃圾、灰尘等，地面用1∶200卫可消毒液全覆盖拖地消毒（卫可消毒液配置时必须使用量具，现用现配）。

⑧ 场外隔离宿舍清扫消毒结束后，锁闭门窗，待下一位隔离人员到来后，再开启。

注意：场外隔离宿舍床单、被罩、枕罩的铺装工作，由隔离人员自己负责，管理人员不得提前铺好。

2. 人员进入场内隔离区洗澡通道管理

① 人员于外部隔离点结束隔离后，必须携带有效场外隔离证明，再进入场内隔离区洗澡通道登记相关信息后，赤脚进入洗澡通道脏区更衣室，脱掉所有衣物，鞋袜放鞋架上，进入淋浴间。

② 在淋浴间内，洗澡至少5min，必须使用洗发露和沐浴露进行清洗，重点清洗头发、鼻孔和耳廓。

③ 淋浴结束后，在干净区更衣室擦干，换上隔离区衣物、鞋子。

④ 洗澡通道每日进行清理、清洗和消毒1次，脏区更衣室由洗车工负责，净区和淋浴间由隔离区人员负责，并及时记录。

⑤ 洗澡通道内毛巾或浴巾必须且仅能放置在净区，其他任何区域严禁放毛巾或浴巾。

⑥ 手机、充电器、电脑等电子产品用1∶100卫可消毒液充分擦拭后静置10min以上方可进入场区，其他物品一律熏蒸烘干后进入场区。

⑦ 在场内隔离区隔离至少24h再进入生产区。

3. 生活区隔离后进入生产区后的注意事项

① 饲养员或技术员应坚守自己的岗位，不允许随意串舍、串岗、串区，尤其是在疫病爆发期间，避免不同栏舍或不同类群的猪交叉感染。

② 管理人员或技术员需按照规定的路径进行移动，人员出入猪舍前清洗干净水鞋，并浸泡消毒，特别是水鞋底。

③ 严禁一对夫妻分别在场内、外工作，这样会导致人员流动频繁，容易发生消毒不彻底的现象。

总之，非常时期一定要严格要求人员的细节，"细节决定成败"，不要因为一个小小的细节没有做好，导致发生疫情，那将得不偿失。

（三）车辆隔离洗消中心

① 按照"单向流通，分区管控，进出口分开"的原则建设车辆洗消烘干中心。设立停车待检区、车辆清扫区、车辆洗消区、车辆烘干区、车辆待出区、人员洗消区六个专区，区与区之间要设立有效牢固的物理隔离屏障。

② 车辆携带病原可间接感染易感动物，其中包括外来车辆、料车、肥猪车以及种猪车等等，因此在车辆进入猪场前应设立屏障（洗消中心），进行清洗、消毒、隔离。清洗时一定要严格彻底清洗死角。对进入生产区与猪接触的车辆要采集样品（棉拭子）送检，检验期间车辆应隔离，等检验结果达标方可入场。暴发疾病期间更要严格管理车辆，记录车辆详细使用信息。

③ 限制人和车辆进入猪场核心区域，对运载饲料和出售生猪的车辆进行严格清洗消毒，人员出入严格遵守消毒制度。针对运载饲料和出售生猪的车辆，要做好彻底清洗、有效消毒、烘干、防止二次污染四项流程。先用专业泡沫清洁剂喷洒全车，充分浸泡 10～20min；再高压冲洗，清除所有有机物和泡沫清洁剂；然后用泡沫消毒液对车辆进行消毒，对车身、车顶、车头、车轮、车底盘进行全面喷洒，挂泡 10 min 以上；运猪车靠近装猪台之前，需要进行二次消毒，可选用苯酚或次氯酸盐消毒产品。另外需要注意的是，司机原则上不能下车，如需下车，则要穿上一次性鞋套。

④ 通过对车辆的清洗、消毒、70℃ 30min 烘干、驾驶员的充分洗消，最大程度降低车辆携带病原微生物的可能性，消除车辆接近猪场可能造成的生物安全风险。

（四）猪场隔离环境

基于人多地少、生物安全意识淡薄、养猪业的顶层设计欠缺、进入或从事养猪业没有设定门槛的国情现状，现实中猪场与周围环境中的村庄（2000m 范围内没有村庄）、交通主干道（距离主干道要 500m 以上）、其他畜牧场以及高风险场所（10000m 内没有屠宰厂、病死动物无害化处理点、活畜禽交易市场）的隔离距离都不够理想。场内生产区、管理区、生活区、无害化处理区相互间的隔离距离太短，无有效隔离屏障，也不符合动物卫生防疫要求。因此在先天不足的情况下，我们更要注重后天采取隔离措施来加以补救。

1. 围墙是猪场最大的物理隔离屏障

猪场外围墙是抵御非洲猪瘟等疫病侵袭的第一道防线。防控非洲猪瘟最有效的措施就是把非洲猪瘟病毒连同被感染的猪以及被污染的所有人、物、车等一起阻挡在猪场外。

① 要实心围墙，真材实料，结构牢固，墙体严密，没有里外直接互连互通的任何漏洞；

② 围墙要有一定的高度，埋入地下部分深 0.5～0.7m，做实基础，地面以上部分至少 2m 高，原则上越高越好，阻止人、车、畜进入以及气溶胶、飞沫和尘埃飘入；

③ 猪场四周外围墙要安装监控，实时查看，定期检查回放；

④ 定期清除围墙内外两面墙角长出来的杂草、藤蔓等植物；

⑤ 不要沿墙角堆放物品；

⑥ 排水孔等用钢丝网进行封闭，场区线路系统和围墙交叉处做好封挡，防止老鼠等动物进入。

2. 紧急情况下的临时消毒隔离带

周边 10000m 范围内的猪场发生重大疫情时，要用生石灰在猪场周围建立 2m 宽的消毒隔离带。

3. 猪场三区之间的隔离

生活区、管理区、生产区、脏污处理区之间，以及生产区所属的隔离区、公猪站、配怀区、分娩区、保育育成区之间，都要砌实心围墙或用彩钢板加以隔离，地面上高度在 3m 左右，以建立有效物理屏障，来切断病原微生物在各区之间快速传播的风险；即使某个区域病原检测呈阳性，也能在 3~7d 之间定点精准清除，使环境快速净化到位。

（五）猪场内部隔离

1. 引种隔离舍

① 隔离舍应与猪场生产区有安全有效的距离，距离生产区 500m 以上，处于生产区的下风向，采用全封闭式管理；

② 隔离舍采用全进全出制，批次间要严格清洗、消毒，空栏不短于 30d；

③ 猪群隔离时间在 45~90d，最好是 90d，可有效净化猪蓝耳病、猪支原体肺炎、猪传染性胸膜肺炎等重大疫病；

④ 隔离场的工作人员吃住都在隔离舍，工具、设备专舍专用；

⑤ 引种到场后先对车辆和猪只采样，进行非洲猪瘟病毒核酸检测，确认阴性后赶入隔离舍，若新建猪场处于空栏状态，则可以直接进入配怀舍饲养；

⑥ 猪群进隔离舍饲养 21d、42d、63d，合群前随机采血样检测非洲猪瘟病毒核酸和抗体，每次检测确认双阴性，最后进入生产区投入正常生产。

2. 异常猪隔离观察舍

猪场每天进行健康巡查，把可疑猪、病弱猪、"不高兴猪"及时安全地调入隔离舍，接受观察、治疗、护理、保健和疫情排查。

① 隔离舍位于猪场的侧方向或者下风向，与健康舍的距离应大于 100m；

② 隔离舍封闭管理，专人负责，工具专用，坚持严格的隔离消毒制度和病死猪无害化处理制度；

③ 隔离康复猪不能回到健康猪舍；

④ 非必要情况不要对病死猪进行剖检；

⑤ 隔离舍进出道路不得与生产区健康舍交叉或者共用。

一个猪场不可能不发生猪病，任何一个兽医不可能、也没有必要将所有病猪都治愈。猪场一旦确诊以下病猪，应不予治疗，按照"早、快、严、小"的原则及时进行无害化处理：无法治愈的病猪；治疗费用较高的病猪；治疗费时费事费工的病猪；治愈后经济价值不高的病猪；传播快、危害大的传染病病猪。

3. 饲养单元隔离式改造

① 猪舍：改大栋为小栋，栏舍之间用实体墙隔开；

② 饮水：改通槽式饮水为独立式饮水。

（六）生物媒介隔离

1. 防鼠隔离带、防鼠板

① 围墙和栋舍外围按规范铺设碎石子防鼠隔离带或安装防鼠板；

② 对不能堵塞的孔洞、暴露在地表的粪沟、表层水沟、库房和厨房的窗户、排气扇、通气孔、排水孔等重要部位，为了防止老鼠从这些地方进入，都要安装牢固的防鼠钢丝网。

2. 加固围栏及三防网的设置

蚊蝇、鸟、野猫、野狗等也要用物理、化学等手段，与猪场、料塔、猪舍、猪群彻底有效隔离开，断绝接触。

（七）物料隔离预处理中心

物料流动是非洲猪瘟病毒进入猪场的重要途径之一。所有物料在进入猪场内部生活区和生产区之前都要遵循严格的生物安全规范，避免将非洲猪瘟病毒带入场内。

物料预处理中心距离猪场3000m，包括物料接收区（待检区）、物料处理区、物料仓储区三部分，各区域通过物理隔断来实现严格的脏区、净区划分，进行分区管理，同时能够满足检测合格的物料由净区向脏区的单向移动。检出非洲猪瘟病毒核酸阳性的物料，立即遣返退货。

用不同消毒方式对不同物料进行消毒处理后，须在物料仓储区分类隔离静置2~3周时间，按照先进先出的顺序出库。

（八）脏污隔离区（粪污、医疗废弃物、病死猪存放点）

1. 粪污处理方面

① 场内做好雨污分流，污水采用管道输送，避免雨季暴雨携带病原微生物倒灌进入猪舍；

② 各类污物有明确的运输人员、运输车辆、处理地点、处理流程和处理人员；

③ 污物收集桶要注意盖好上盖，防止鸟类或蚊蝇接触，污染场内生产环境；

④ 猪场围墙外，由公司行政综合部指定的外部保洁人员，使用中转垃圾的专用车辆，将垃圾运出去；

⑤ 严禁使用新鲜粪污在生产区种菜施肥，必须经过3~6个月的厌氧发酵或制成有机肥后才能安全使用，以免粪污中的病原微生物污染生产区大环境；

⑥ 粪污暂存池以及固体粪便、污水和沼液的储存设施应满足防雨、防渗、防溢流要求；粪污暂存池里储存的粪污总量不要超过池高的2/3；每周对粪污暂存池周边进行2次有效消毒；

⑦ 用猪场自己的专业吸粪车在猪场围墙外的暂存池吸取并运送粪污；吸粪车及驾驶员每次运送粪污前后，都要在公司行政部指定的二级洗消点进行彻底洗消并采样检测；按照规定路线行驶；吸粪车每次运送粪污后，要对其经过的猪场附近路面进行彻底消毒。

2. 医疗废弃物处理

猪场医疗废弃物由专人负责管理，定期联系签约的有资质的医疗废弃物集中处置单位将医疗废弃物运走处置。

3. 病死猪处理

病死猪包裹后由专人专车、专用道路运送至四周有围墙的小冷库储存，沿途不得撒漏。定期移交到兽医站指定的病死猪收集点进行无害化处理。

技能训练

检查各类消毒设备，根据要求，诊断并排除故障，同时参考相关资料并请教企业导师，完成《实践技能训练手册》中技能训练27、28、29。

【思政小贴士】

中国老一辈科学家——姚骏恩

显微镜是人类认识微观世界的有力工具。光学显微镜的出现，使人们发现了被称为19世纪三大发现之一的生物细胞，对自然界的认识有了一个极大的飞跃。诞生于1932年的电子显微镜和1982年的扫描隧道显微镜，分别作为显微镜发展史上继光学显微镜之后的第二和第三个里程碑，促进了纳米科技的诞生和持续发展。

姚骏恩，应用物理专家，中国工程院院士，是中国著名的电子物理专家，心系国家发展，积极为中国测试计量技术的发展建言献策。从1958年起，姚骏恩先后主持、参与研制完成中国第一台自行设计的100kV透射电子显微镜、中国第一台扫描电子显微镜、中国第一台扫描隧道显微镜、中国第一台超分辨光子扫描隧道显微镜等。

练一练

（一）选择题（单选或多选）

1. 常用的消毒方法有（　　）。
   A. 物理消毒法　　　　B. 化学消毒法　　　　C. 生物消毒法
2. 物理消毒法指机械清扫、高压水枪冲洗、紫外线照射及高压灭菌处理等方法。（　　）
   A. 正确　　　　　　　B. 错误
3. 常用于圈舍、地面、排泄物的消毒药物是（　　）。
   A. 漂白粉　　　　B. 高锰酸钾　　　　C. 甲醛　　　　D. 70%乙醇
4. 畜禽舍熏蒸消毒多选用的消毒剂为（　　）。
   A. 甲醇　　　　　B. 乙醇　　　　　　C. 甲醛　　　　D. 乙醛
5. 消毒效果与用水温度相关。在一定范围内，消毒药的杀菌力与温度成正比，温度增高，杀菌效果增加。（　　）
   A. 正确　　　　　　　B. 错误

（二）填空题

猪场生物安全体系建设最重要的三原则是：（　　）、（　　）和（　　）。

（三）简答题

1. 简述高压清洗机的技术维护。
2. 简述背负式手动喷雾机的技术维护。
3. 简述背负式机动弥雾喷粉机的技术维护。

模块九 采精、输精设备

人工授精是畜禽生产管理环节非常核心的繁殖技术手段。目前,人工授精在猪的生产中,得到了广泛的应用。该技术的应用充分提高了优良种畜的利用率,降低了生产成本,加速了品种的改良速度;同时,可防止疾病传播,并使配种的空间和时间的阻隔以及体重差别较大影响配种等情况得以改善和解决。采精和输精是猪场日常管理必备的技能操作,熟练掌握采精输精设备的使用及合理养护能节约猪场生产成本,提高猪场的经济效益。

项目一 采精、输精设备的识别

【情境导入】

×年×月×日某种公猪厂,公猪不愿意使用假台畜。

经分析,青年公猪采精调教时间长的原因有以下几点:一是调教人员方法不正确;二是猪对采精环境不熟悉;三是假台畜不合适。

本次青年公猪采精调教时间长主要是因为新更换的假台畜在制作过程中尺寸不合适,青年公猪不适应假台畜,调整尺寸之后,调教时间明显缩短,采精效率提高。

由于工作人员的疏忽,制作过程不用心,公猪使用不合尺寸的假台畜,造成公猪不愿意爬假台畜,违背了自然规律。因此,生产中要时刻注意工作细节,并关注动物福利。

 学习目标

1. 知识目标
- 结合假台畜的外形特点,能够识别不同种类的假台畜;
- 能够描述不同台畜的优缺点。
2. 能力目标
- 能够根据实际情况选择合适的采精输精设备。
3. 素质目标
- 培养严谨的工作态度;
- 树立责任意识和安全意识、可持续发展的意识,关注动物福利。

 知识储备

一、采精台

采精台是用于种公猪采精的设施。常见的有真台畜和假台畜之分。

1. 真台畜

真台畜（即活台畜，简称台畜），是指使用与公畜同种的母畜、阉畜或另一头种公畜作台畜，如图 9-1-1 所示。应选择健康无病（包括性病、其他传染病、体外寄生虫病等）、体格健壮、大小适中、性情温顺而无踢腿等恶癖的同种家畜。具备上述条件的发情母畜最为理想。发情母猪一般无需保定，台畜置于采精台上，固定其头部即可。采精时台畜的后躯，特别是尾根、外阴、肛门等部位应洗涤消毒，擦干保持清洁。

视频：人工授精实验室设备简介

2. 假台畜

假台畜（即采精台），如图 9-1-2 所示。其基本结构均是模仿母畜体型高低大小，选用钢管或木料等做成一个具有一定支撑力的支架，然后在架背上铺以适当厚度的竹绒、棉絮或泡沫塑料等有适当弹性的材料，其表面再包裹一层备皮、麻袋或人造革。有的则完全模仿制成同类母畜的模样。有的还将假阴道固定安装在其内相应部位——假台畜的后下部，并可随意调节其角度。公猪的采精台（假台猪）一般长 130cm，前高 60cm，后高为 50cm，背宽 25cm，前高后低。

视频：假台畜的处理

应用假台畜采精是一种方便、清洁、安全、高效的方法。由于种公猪射精时间长，利用活母猪采精操作很不方便，而且种公猪比较容易爬跨假台畜，所以采精时都用假台畜。假台畜一般有固定的长凳式和可调节高低的两端式。

采精台相较于活母畜（猪）的好处：

① 用真母猪作为台猪，往往因公、母猪体格相差悬殊，使采精工作不能顺利进行。

② 采精时，如用真母猪作为台猪，常常难找到发情母猪，不发情的母猪一不安定，公猪往往屡爬不上，精疲力竭损害性欲。

③ 用真母猪作台猪，采得精液耗费时间较长，常达半小时以上。

④ 采精台可用木料或铁管制成，取材容易，用费低廉；公猪一爬就上，不易滑下来；阴茎可直接伸入装在采精台下面的假阴道，其位置比用真母猪为台猪时自然。

⑤ 公猪安静地趴在采精台上，采精员只需手握打气球，调节内胎的压力，这样，公猪既感舒适自然，操作亦简便省力。

⑥ 用采精台采精，人畜安全，也可减轻采精人员的劳动强度。

⑦ 采精台稳固，公猪射精充分，射精量稳定，公猪体力消耗少。

⑧ 用采精台采精，可防止公、母猪直接接触，减少疾病传播。

图 9-1-1 真台畜

图 9-1-2 假台畜

二、输精器械

1. 输精管

输精器有一次性和多次性两种。一次性输精器（图9-1-3）由一条输精管和一个输精瓶组成。目前有一次性海绵头输精管、一次性螺旋头输精管、一次性深度输精管，长度均约50cm。螺旋头一般用无副作用的橡胶制成，适用于后备母猪的输精；海绵头一般用质地柔软的海绵制成，通过特制胶与塑料细管粘在一起。根据海绵头的大小，输精管分成两种，一种海绵头较小，适用于后备母猪输精；另一种海绵头较大的适用于经产母猪输精，选择海绵头输精管时，一应注意海绵头粘得是否牢固，不牢固的易脱落到母猪子宫内；二应注意海绵头内塑料细管的长度，一般以0.5cm为好。若输精管在海绵头内包含太多，则输精时因海绵体太硬而损伤母猪阴道和子宫壁，包含太少则因海绵头太软而不易插入或难以输精。

深度输精管可分为带锁深度输精管和无锁深度输精管。在使用深度输精管时要将海绵头输精管与细导管齐平后用锁扣固定再操作，在子宫颈口处感觉锁定后，再松开锁扣，以每厘米间隔向前缓慢插入子宫颈皱褶达到子宫体位置后开始输精。一次性输精管具有清洁卫生、质地柔软、使用方便，不损伤母猪阴道的优点，目前在生产中应用最广。

多次输精管一般为一种特制的胶管，因其成本低、可重复使用而较受欢迎，但因头部无膨大部或螺旋部分，输精时易倒流，现在虽已有进口带螺旋头的多次输精管在市场上出售，但价格较贵，并且每次使用均需清洗、消毒，若保存不好还会变形。

可视输精枪：整体采用人性化设计，枪型手柄方便抓握，显示器安装在顶部，可以上下120°、左右360°旋转，方便使用者和周边的人观察，便于教学和试验，摄像头安装在金属探杆前段管体内，具有防水功能；探杆前端设计透明的视角扩张头，更便于观察周边和前端的情况，手柄开关控制电动气泵，气泵喷气口吹向摄像头镜面，吹走操作中摄像头所接触的黏液，使摄像头所拍画面清晰可见；显示器设置有拍照和摄像功能，通过亮度调整，可以清晰观察内部情况。电子可视输精枪（图9-1-4）适用于猪的人工授精和阴道、子宫检查，操作方便，观察清楚。

图9-1-3 一次性输精管

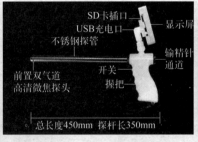
图9-1-4 可视输精枪

图9-1-5 输精瓶和输精袋

2. 输精瓶（袋）

输精瓶（袋）用于在猪人工授精中存储精液，一般和输精管搭配使用，如图9-1-5所示。输精瓶采用医用无毒弹性体材料和医用EVA发泡粉制作。瓶身柔软，耐热，耐寒，耐撕裂。输精瓶型号分：40mL、60mL、80mL、100mL。有的输精瓶口有防倒流阻塞头，输精完成后可直接堵住管头。

精液袋，也叫输精袋，用于稀释精液的分装、储藏和运输，现在已经为欧美国家广泛采用。输精袋是由双层复合膜制成，外层采用高强度塑料薄膜，坚韧耐磨，不易划破，内层是医疗级无毒塑料薄膜，对精子友好，适合长时间保存，特别适合公猪站销售精液，袋体扁平，恒温箱可以装得更多，还避免精子挤压。输精袋可吊挂式输精，省心省力，连续设计使灌装精子更快捷。

三、其他设备

① 冰箱。
② 药品柜。

视频：人工授精实验室设备简介

 技能训练

正确识别输精器械，并完成《实践技能训练手册》中技能训练单30。

项目二　采精、输精设备的安装

【情境导入】

　　某猪场繁育员小刘发现公猪爬假台畜时会出现晃动的情况，影响公猪采精及公猪安全。
　　公猪爬假台畜时，产生的瞬间冲击力很容易造成器械位移，产生磨损，从而出现松动，并且持续的压力也会对器械造成损害，造成假台畜的支撑面稳定性下降，焊接螺钉松动，出现晃动的情况。
　　经过仔细检查发现，假台畜螺钉松动，拧紧螺钉，加固假台畜。采精操作过程应该及时发现问题并解决。
　　工作人员的疏忽，影响公猪采精，进而影响生产。在生产过程中应该严格按照操作规程执行，提高公猪的采精效率，提升精液品质，提高安全意识，提升行业责任感。

 学习目标

1. 知识目标
- 了解采精、输精设备的结构、工作原理和安装规范；
- 掌握采精、输精设备的安装步骤和注意事项。
2. 能力目标
- 能够结合假台畜的结构特点，正确安装设备；
- 能够结合采精过程，分析假台畜使用时的注意事项。
3. 素质目标
- 树立责任感，提高安全意识，关注动物福利；
- 培养严谨的工作态度和良好的职业道德。

知识储备

假台畜的安装

假台畜包括采精台本体、承载座（设置在所述采精台本体的下方）、第一限位槽（开设在承载座的顶部）、固位座（安装在采精台本体的底部）。固位座的底部延伸至第一限位槽内，固位座与第一限位槽应该相适配；两个第二限位槽（开设在所述第一限位槽的底部内壁上）；两个插板（分别设置在第二限位槽内，两个插板的顶部均与固位座固定连接）、两个嵌位槽（分别开设在两个插板相互靠近的一侧）、运作腔（开设在承载座上）、两个架接板（固定安装在所述运作腔的内壁上）、双向丝杠（双向丝杠转动安装在两个架接板上）、两个空心柱（设置在运作腔内）。双向丝杠的两端分别延伸至两个空心柱内，双向丝杠分别与两个所述空心柱相互靠近的一侧内壁螺纹连接；两个卡座分别固定安装在空心柱相互远离的一侧，卡座相互远离的一侧分别延伸至两个嵌位槽内，卡座与嵌位槽相适配；传动机构（设置在运作腔内）。

视频：显微镜的安装

知识拓展：采精

 技能训练

根据操作流程正确安装假台畜、显微镜，同时参考相关资料并请教企业导师，完成《实践技能训练手册》中技能训练单 31。

项目三　采精、输精设备的使用与维护

【情境导入】

猪场繁育员小刘经过一段时间学习，已经掌握输精操作，但有一批次输精效果不好，母猪受胎率低。

母猪受胎率低的原因有以下几点：一是输精人员方法不正确；二是输精器械没有消毒；三是输精的精液精子活率低；四是输精的时间没掌握准确。

经过仔细检查发现，这一批次输精过程中没有对输精管进行消毒，导致精液混有其他异物，影响精液品质。操作过程应该严格按照操作规程执行，马虎不得。

工作人员的疏忽，影响了母猪受胎率，进而影响了生产。在生产过程中应该严格按照操作规程执行，提高母畜受胎率，提升行业责任感。

 学习目标

1. 知识目标
- 能够描述人工授精器材的洗涤消毒方法；

- 掌握采精和输精的基本步骤和操作方法,了解影响受胎率的因素。

2. 能力目标
- 能够结合输精器具的材质特点,清洗消毒输精器具;
- 能够结合输精过程,分析器具使用注意事项;
- 根据猪的繁殖特点,能够正确地使用采精设备进行采精和输精操作;
- 能够及时发现采精、输精设备的问题,并采取相应的措施进行解决。

3. 素质目标
- 培养团队协作精神;
- 培养实践能力和解决问题的能力;
- 树立责任感,增强安全意识。

 知识储备

一、采精架准备

公猪采精与其他公畜略有不同,一般使用采精台(假台畜)采精。

① 种公猪采精时,先将采精架放于采精室光线较暗处,将假台畜固定在采精的地方,检查是否牢固,有无尖利物。采精架后边铺上一层防滑板,以免公猪爬跨时跌伤或刺伤。

② 用来苏儿或碳酸钠给假台畜和采精场周围消毒。

③ 调节假台畜高度,使其符合种公猪爬跨高度。

④ 待公猪爬跨采精台时,公猪俯伏不动表示开始射精,即用集精瓶收集,公猪射精时停止强性调节,射精稍停时,恢复弹性调节,直至采完全部精液。

⑤ 采精结束后,一人负责赶回公猪,但应避免接触另外公猪,以免咬架受伤,另一人需清理假台畜和采精场地。

二、器械洗涤

人工授精器材,均应力求清洁无菌,在使用之前要严格消毒,每次使用后必须洗刷干净。传统的洗涤剂是2%~3%的碳酸氢钠或1%~1.5%的碳酸钠溶液。在基层单位常采用肥皂或洗衣粉代替,但安全性不及前者。

人工授精所用器械,在使用前后必须彻底清洗,刷洗干净后再用清水冲洗数次,直至清洁为止。器材用洗涤剂洗刷后,务必立即用清水多次冲洗干净而不留残迹,然后经过严格消毒方可使用。消毒方法因各种器材质地不同而异。

三、器械消毒

1. 煮沸消毒

适用于一切器皿。用100℃、15min煮沸消毒。在消毒过程中,水应浸没消毒器皿,而稀释液应用水浴消毒为宜。

2. 蒸汽消毒

适用于一切器皿。将所需消毒的器皿放在高压灭菌器中,蒸汽消毒30min。消毒后放在消毒柜中保存备用。

3. 火焰消毒

开张器、金属输精器等亦可采用酒精灯进行火焰消毒。

4. 酒精消毒

适用于橡胶、塑料及玻璃器材。用 75% 酒精棉球擦拭消毒，待酒精彻底挥发后即可使用。

四、一次性输精器的使用

1. 输前准备

输精前 1h 清理地面粪便，个别外阴脏的母猪用喷壶或者碘酒消毒清洗。

2. 输精操作

① 打开输精管包装，涂抹润滑油备用，轻轻打开外阴，输精管下压后斜向上 45°插入，当感觉到有阻力时再稍用一点力，直到感觉经过 2 个皱褶，其前端被子宫颈锁定为止（轻轻旋转，转不动）。

② 连续插外管 5~7 头后，根据母猪安静状况，母猪安静时左手固定外管，右手缓慢插入内管，每次缓慢进入 1~2cm，如遇到阻力时等待 10s 再次尝试，直到内管插入；如内管插不进，回拉内管，再旋转插入；如仍不进则停止，等待母猪放松后再次操作；初产母猪的内管插入深度以 11cm 为宜，经产母猪插入 17cm 为宜；插入完成后固定住内管，防止内管脱落或者深入。

③ 连接输精瓶（袋）：左手固定内管外端，将瓶口低于内管连接处进行连接（避免接口部位受污染）；一只手抓紧外管（靠近外阴 1cm 处）向内轻推顶紧，防止抖动，另一只手抬高输精瓶 60°~90°，轻挤输精瓶 1~2 次，排净空气，再缓慢用力匀速挤压 5~10s，直至精液输完。

④ 预防精液倒流：输完后放低输精瓶，观察评估是否有精液回流，倒流则重新挤进，并用手刺激母猪外阴下侧 30~60s；盖好尾堵后将输精瓶取出，等待 5~10min。待母猪完全吸收好精液后，将输精管按照插入时的角度慢慢取出。

猪用一次性深部输精管越来越被人们所接受，主要原因在于它可以深入子宫授精场所，提高母猪的受孕成功率，而且避免反复人工授精对母猪的伤害，从而避免引起炎症。

五、深度输精管的使用

① 双手交错撕开深部输精管的外包装袋（海绵头已预润滑，无须再涂抹润滑剂），手不能直接接触输精管（裸露预留 10cm）。

② 一只手掰开外阴，另一只手拿输精管，先斜向下 45°插入母猪阴户，再斜向上 45°逆时针旋转插入母猪阴道，直至子宫颈口锁定后松开管后端的锁扣，预留 1cm 的间隙再向子宫皱褶部分推进直至子宫体。因猪品种不同，细管插入的深度也有所不同，通常插入的深度为 10~15cm，如插入时有阻力感，将细管往后拉一拉，转一转尝试插入，特别注意的是，如按上述步骤还不能插入时，绝不可粗暴向里插入，以免损伤子宫颈黏膜。

注意事项：a. 切勿用蛮力插入，以免损伤子宫黏膜与子宫壁，给母猪造成不可逆转的伤害。b. 切勿用公猪刺激：母猪自然静立方可操作。c. 切忌非专业人员单独操作：新手必须有专业人员指导。

③ 拿出预配精液，核对精液瓶标签与母猪记录卡是否相符。

④ 将精液瓶单方向翻转，使其均匀，将瓶盖头去掉，再挤掉几滴精液，以保证精液瓶口畅通，并去掉前端死精，再让空气进入瓶子，使精液瓶恢复原状。

⑤ 用力挤压精液瓶，用 10~15s 时间，全部挤完精液（与普通输精不同之处）轻轻取出内管。0.5h 之后，顺时针方向取出输精管主管（无须像普通输精那样防止精液倒流）。

⑥ 填写母猪记录卡（日期、与配种公猪、预产期等记录）。

六、可视输精枪的使用

① 用酒精棉将可视输精枪整体擦拭清洗，确保可视输精枪已整体消毒杀菌且摄像头清晰。

② 用温水将母体的外阴进行清洗消毒，清洗完用湿布擦拭干净，确保无残渣存留。

③ 将解冻后的冻精细管用传统方式装入到输精枪中，并套入配套的外套管以待备用。

④ 打开可视输精枪开关，确认图像清晰后，将可视输精枪插入母体阴道内，初始先以偏向上的角度插入 5~10cm，然后再改为水平，继续插入 25cm 左右，直到可清晰看见宫颈口为止。

⑤ 保持可视输精枪不动，将已装好冻精细管的输精管从可视输精枪的输精通道插进去，在屏幕上观察确保输精管头部已抵达子宫口位置。

⑥ 到达子宫口后，轻轻地旋转输精管向母体子宫内插入，当输精管插入子宫口内大约 10cm 时，达到子宫体底部。然后将输精管内的精液慢慢地推送到母体子宫，直至推送完成。注意：如果输精管插入过深，精液可能只能释放到一侧的子宫角，造成精液分布不均匀，若是另一侧的卵巢排卵，不能与精子结合，直接影响产仔数。

⑦ 确认输精无误后，将输精枪缓慢地抽出来，点击开关，使可视输精枪振动，促进猪子宫收缩，便于母猪受孕，再把可视输精枪抽离母体阴道，用干净的湿布擦拭干净并用酒精棉进行整体消毒，最后把输精枪包装好放入指定容器内妥善保管。

七、显微镜的使用

显微镜是一种精密的光学仪器，因此在正确使用的同时，做好显微镜的日常维护和保养，也是非常重要的一环。注重显微镜的良好维护和保养，可以延长显微镜的使用寿命并确保显微镜能始终处于良好的工作状态中。

1. 显微镜使用的具体操作

（1）打开光源

接通电源，将显微镜体（图 9-3-1）背面的主开关拨到"—"（接通）状态，如图 9-3-2 所示。

（2）调节光强（图 9-3-3）

顺时针转动光强旋钮，升高电压，增加光强；逆时针转动光强旋钮，降低电压，减弱光强。在低电压状态下使用灯泡，能够延长灯泡的使用寿命。

（3）调节粗调松紧调节环（图 9-3-4）

粗调焦手轮的松紧程度在出厂时已经调好，如发现太松（即机械载物台因自重而自动下滑），请用扳手逆时针转动粗调松紧调节环，直到松紧适宜为止。

（4）标本的安放（图 9-3-5）

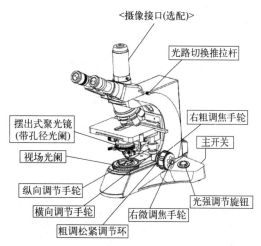

图 9-3-1 显微镜整体图示

将盖玻片朝上安放在机械载物台上，使活动卡爪将载玻片轻轻夹住。旋转机械式移动尺上的横、纵向调节手轮，将样品移至所需的位置。更换物镜时要小心。在用短工作距离的物镜观察完标本后，需要更换物镜时，物镜可能会与标本相碰。

 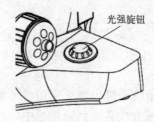 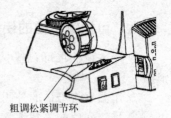

图 9-3-2 打开光源　　　　图 9-3-3 调节光强　　　　图 9-3-4 调节粗调松紧调节环

（5）调节瞳距（图 9-3-6）

瞳距范围为 48～75mm。双眼观察时，握住左右棱镜座绕轴旋转，来调节瞳距，直到双目观察时，左右视场合二为一，观察舒适为止。

（6）调节视度（图 9-3-7）

右目镜筒为固定式。对于左右视力不同的操作者，在右眼看清标本像后，可转动左视度圈，直到双眼同时看清图像。

  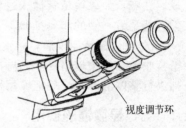

图 9-3-5 标本的安放　　　　图 9-3-6 调节瞳距　　　　图 9-3-7 调节视度

（7）调焦（图 9-3-8、图 9-3-9）

当不使用摄像（影）设备时：将光路切换推拉杆完全推入，进行双目观察。用 10× 物镜调焦，为防止标本和物镜相碰，应先使机械载物台上升，使标本和物镜靠近，然后再使标本和物镜分离，在相离过程中达到调焦目的。操作者可先缓慢逆向旋转粗动手轮，使标本下降，同时在 10× 目镜里搜索图像，最后用微调焦手轮精细调焦。此时转换至其他倍率物镜，可达到齐焦而无碰坏标本的危险。

当需要使用摄像（影）设备时：将光路切换推拉杆拉出，进行双目观察，成像清晰后，观察通过摄像（影）接筒与显微摄影系统连接的视频上的成像。

如需要机械载物台在垂直方向固定在某个位置，可通过定位手轮进行固定，以方便观察。

（8）摆出式聚光镜调节（图 9-3-10）

聚光镜中心应与物镜光轴共轴，产品出厂时已调节好，用户不必自行调节。聚光镜的最高位置，出厂时已调节好，不必自行调节。转动聚光镜调焦手轮，可使聚光镜上下移动，使用高倍物镜时，聚光镜上升，使用低倍物镜时，聚光镜可下降。

聚光镜对中：

- 转动聚光镜调焦手轮，把聚光镜升高到最高位置。
- 用 10× 物镜聚焦样品。
- 旋转视场光阑环，将视场光阑图像移到视场中。
- 转动聚光镜调焦手轮对视场光阑图像聚焦。
- 转动两个聚光镜对中旋钮把视场光阑移到视场中心。
- 逐步打开视场光阑，如果视场光阑图像在中心并和视场内接，则聚光镜已正确对中。

● 在实际应用中,稍加大视场光阑,使它的图像刚好与视场外切。

图 9-3-8 调焦

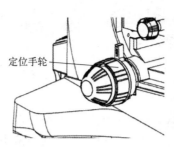
图 9-3-9 粗调

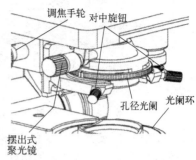
图 9-3-10 摆出式聚光镜调节

摆出式聚光镜的使用:使用低倍物镜观察时,可将摆出式聚光镜转出,使其不在光路中;使用高倍物镜观察时,将其转入光路中。

孔径光阑的调节:孔径光阑是为调节孔径的数值而设计的,不是调亮度。通常当孔径光阑开启到物镜出瞳的 70%～80% 时,就可以得到足够对比度的良好图像。欲观察孔径光阑像,可取下目镜,从目镜筒中往下看物镜出瞳。

(9) 视场光阑调节 (图 9-3-11)

用于控制视场光阑区域大小。操作时,转动视场光阑转动圈,缩小视场光阑,观察视场,如果光阑像模糊,可转动聚光镜调焦手轮,升降聚光镜托架,使观察视场光阑像清晰,然后转动视场光阑圈,使之刚好调节到充满目镜视场,以减少杂光,提高像的质量。

(10) 光路切换 (图 9-3-12)

当三目观察装置上光路切换推拉杆推入时,所有光线进入双目镜筒,即可进行双目观察;光路切换推拉杆拉出时,部分光线进入双目镜筒,另一部分光线向上进入摄像(影)接筒,可通过视频设备进行观察。

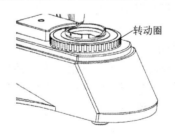
图 9-3-11 视场光阑调节

图 9-3-12 光路切换

(11) 偏光检验安装 (图 9-3-13、图 9-3-14)

将头部下方检偏镜插口护盖 (图 9-3-12) 拔出,把检偏镜组件插入上方插口,推到位时会有手感。将石膏试板组件插入下方插口。将起偏镜组件放到视场光阑转动圈上,这样就可做偏光检验了。

2. 显微镜日常使用注意事项

① 搬动显微镜时,要一手握镜臂,一手托镜座,两上臂紧靠胸壁。切勿一手斜提,前后摆动,以防镜头或其他零件跌落。

② 观察标本时,显微镜离实验台边缘应保持 5cm 距离,以免显微镜翻倒落地。镜柱与镜臂间的倾斜角度不得超过 45°,用完立即还原。

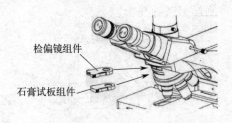 

图 9-3-13　偏光检验安装　　　　　　　　图 9-3-14　起偏镜组件

③ 使用时要严格按步骤操作，熟悉显微镜各部件性能，掌握粗、细调节钮的转动方向与镜筒升降关系。转动粗调节钮向下时，眼睛必须注视物镜头。

④ 观察带有液体的临时标本时要加盖片，不能使用倾斜关节，以免液体污染镜头和显微镜。

⑤ 粗、细调节钮要配合使用，细调节钮不能单方向过度旋转，调节焦距时，要从侧面注视镜筒下降，以免压坏标本和镜头。

⑥ 用单筒显微镜观察标本，应双眼同时睁开，左眼观察物象，右眼用以绘图或记录，左手调节焦距，右手移动标本或绘图记录。

⑦ 禁止随意拧开或调换目镜、物镜和聚光器等零件。

⑧ 显微镜光学部件有污垢，可用擦镜纸或绸布擦净，切勿用手指、粗纸或手帕去擦，以防损坏镜面。

⑨ 凡有腐蚀性和挥发性的化学试剂和药品，如碘、乙醇溶液、酸类、碱类等都不可与显微镜接触，如不慎污染时，应立即擦干净。不要随意取下目镜，谨防灰尘落入镜筒。

⑩ 使用油镜观察样品后，随即用二甲苯将油镜镜头和载玻片擦净，以防其他的物镜玻璃上沾上香柏油。二甲苯有毒，使用后马上洗手。

⑪ 实验完毕，要将玻片取出，用擦镜纸将镜头擦拭干净后移开，不能与通光孔相对。用绸布包好，放回镜箱。切不可把显微镜放在直射光线下暴晒。

3. 显微镜保养注意事项

① 每次关闭显微镜电源前，请将显微镜灯光调至最暗。

② 关闭显微镜电源后，请等灯箱完全冷却后（约 15min 后），再罩上显微镜防尘罩。

③ 开启显微镜电源后，若暂时不使用，可以将显微镜灯光调至最暗，而无需频繁开关显微镜电源。显微镜工作一年后，应每年至少做一次的专业维护保养。

4. 显微镜的维护

使用防尘罩是保证显微镜处于良好机械和物理状态的最重要的因素。显微镜的外壳如有污迹，能用乙醇或肥皂水来清洁（不用其他有机溶剂来清洁），但切勿让这些清洗液渗入显微镜内部，造成显微镜内部电子部件的短路或烧毁。

保持显微镜使用场地的干燥，显微镜长期工作在湿度较大的环境中，容易增加霉变的概率，因此，如显微镜不得不工作在这些湿度较大的环境中，建议使用去湿机。

另外，如发现光学元件表面有雾状、霉斑等不良情况时，请立刻联系专业人士，对显微镜进行专业维护保养。

显微镜是常用的仪器，频繁使用之后会出现一些故障，使显微镜无法正常使用。由于显微镜是一种精密贵重仪器，不可能随时添置和更新。因此，及时排除故障，使它经常处于完好的工作状态就显得十分重要了。

5. 显微镜常见故障和修理方法

(1) 粗调失灵

故障现象是当转动粗准焦螺旋时,镜筒不能随之升降。

显微镜镜筒的升降是靠齿轮带动齿条来实现的,而齿轮固定在粗调旋钮的转轴上,齿条固定在镜筒上。当转动粗调旋钮时,齿轮带动齿条使镜筒升降。如果镜筒不能随之升降,说明齿轮与齿条没有啮合。

常见的故障原因是齿杆套随粗调旋钮一起转动,即齿杆套上的两个制动螺钉没有把齿杆套固定在燕尾导轨上。

修理方法是把齿轮移到齿杆套缺口中间,并让齿杆套的缺口面向齿条,再用小螺丝刀将燕尾导轨端面上的两个制动螺钉旋紧。如果无效,说明齿条磨损严重,则需取下镜筒,旋出齿条上、下的固定螺钉,将齿条倒过来使用,因为齿条磨损主要发生在齿条的上部。或者根据齿条宽度剪一条金属薄片,把金属薄片镶嵌在齿条上,并用固定螺钉把薄片和齿条固定在镜筒上,插上镜筒调试。

如感到有松紧问题,则可更换金属薄片的厚度,直至合适为止。或者按原型号规格向生产厂家购买新齿条。

(2) 镜筒自行下滑

故障现象是当焦距对准后,手松开准焦螺旋,镜筒会自行下滑,导致焦距不准。显微镜粗调构造中,齿轮轴的松紧一般是用齿杆套与粗调旋钮间的摩擦力的大小来控制的,而齿轮轴与齿杆套之间的摩擦力是由与齿轮轴连接的两个粗调旋钮通过两个塑料垫圈紧压在齿杆套端面上而取得的。粗调旋钮与齿杆套端面压得越紧,得到的摩擦力就越大。镜筒自行下滑的原因是垫圈使用日久,磨损变形,导致齿轮轴与齿杆套之间的摩擦力减少,齿轮轴与齿杆套之间的摩擦力产生的力矩克服不了镜筒自身重力而产生的力矩。

修理方法是,双手各握一侧粗调旋钮,相对按照顺时针方向拧紧粗调旋钮。如果无效,则需加厚垫圈。用尖嘴钳插入任一粗调旋钮端面的双眼螺母内,将其旋出,取下粗调旋钮,取出塑料垫圈,用青壳纸或薄塑料片剪一个直径相同的垫圈,夹在原垫圈与粗调旋钮之间,重新装好,如果转动粗调旋钮很费力,说明垫圈加得太厚了,应换个薄些的垫圈,总之以转动粗调旋钮有一定的阻力又要镜筒不易自行下滑为准。

(3) 集光器不能定位或卡死

常见的集光器有两种:一种是圆盘或光栏,在圆盘上有大小不等的圆孔。这种光栏是依靠载物台下面的定位弹簧和滚珠卡在圆盘的定位孔中来定位的。当滚珠遗失或弹簧失效时都可能造成光栏不能定位。

修理方法是更换滚珠或弹簧。现在有的厂家已经把这种依靠弹簧和滚珠的定位方法改为依靠弹簧片来定位,这种结构更牢固,更不容易损坏。

另一种是彩虹式光栏,它是由十二片圆弧形薄钢片(即遮光片)组成的。只要拨动滑动板上的手柄,就可以任意改变光圈的大小。其常见的故障是遮光片上的小铜柱脱落,造成手柄卡死,光圈无法改变。

修理方法是,用小螺丝刀把光栏上的两个固定螺钉松开,取出遮光片,把脱落的小铜柱重新装在遮光片上,并用502胶水把小铜柱胶牢,防止其再脱落。安装时要注意:每片遮光片上的两个小铜柱方向要相反或者找一小段粗细和遮光片上的孔径配合紧密的铜导线制作成小铜柱装上,然后把光栏的底板(带有十二个小孔的圆板叫底板)朝上,把每片遮光片一端的小铜柱插在底板的小孔内,并按逆时针方向逐片排列整齐。再将滑动板上的滑动槽依次套在上述遮光片另一端的小铜柱上,盖上盖板,把三个固定螺钉拧紧即可。如果遮光片断裂一片，只要把断裂的遮光片取出光栏即可正常使用，断裂两片以上应向生产厂家购买更换。

（4）倾斜关节过松

倾斜关节是指镜臂与镜柱连接处的活动关节。使用显微镜时，常将镜臂向后倾斜成便于观察的角度，长期使用后，倾斜关节就可能松动，造成镜臂不能随意倾斜。

修理办法是用尖嘴钳分别插入倾斜关节端面的两个双眼螺母内，顺时针旋转，直至镜臂倾斜时松紧适度。如果无效，则可能是镜臂与镜柱两端面的摩擦垫圈磨损，需加厚垫圈，用尖嘴钳将双眼螺母旋下，取出转动轴，用青壳纸或薄塑料片剪一个直径相同的垫圈将原垫圈加厚，重新组装好。

（5）反光镜的插脚在插座内过松或过紧

反光镜插脚结构常见有两种：一种是在插脚上开条槽，依靠槽的宽窄来调节插脚在插座中的松紧，插脚在插座中过松时，可用一字螺丝刀插入插脚的槽内，使槽的开口增大，从而使插脚在插座内的松紧合适。反之，当插脚过紧，可用钢丝钳把插脚上槽的开口收小。

另一种是依靠止紧螺钉来调节插脚在插座内的松紧，当插脚在插座内过松时，可用螺丝刀拧紧止紧螺钉。如果插脚在插座内过紧，当转动反光镜时，易把插脚扭断，可用螺丝刀把止紧螺钉拧松。

显微镜在使用中出现故障，是普遍存在的现象，只要我们认真对待、及时修理，就可以使显微镜经常保持在正常状态。

【资料卡】 精液稀释与保存

一、精液稀释

所谓精液稀释，就是在采得的精液里，添加一定数量的、按特定配方配制的、适宜精子存活并保持受精能力的溶液。在生产实践中，为了扩大精液容量，提高一次射精量可配母畜头数，必须将精液稀释；同时也只有经稀释处理后，精液才能进行有效地保存和运输。

知识拓展：精液分析

（一）稀释液主要成分及作用

稀释液的成分必须能提供精子存活所需的能源物质；增加精液量；维持适宜的pH、渗透压和电解质的平衡；增强精子对低温的抵抗能力；防止细菌的滋生。归纳起来，按其作用可分为以下四类。

1. 营养剂

营养剂主要是提供营养，以补充精子在代谢过程中消耗的能源。由于精子代谢只是单纯的分解作用，而不能通过同化作用将外界物质转变为自身成分。因此，为了补充精子的能量消耗，只可能使用最简单的能量物质，一般多采用葡萄糖、果糖、乳糖等糖类。

2. 稀释剂

稀释剂主要用以扩大精液容量，要求所选用的药液必须与精液具有相同的渗透压。严格来讲，凡是向精液中添加的稀释液都具有扩大精液容量的作用，均属稀释剂的范畴，但各种物质添加各有其主要作用，一般用来单纯扩大精液量的物质有等渗的0.9％氯化钠溶液、5％的葡萄糖溶液等。

3. 保护剂

保护剂主要保护精子免受各种不良外界环境因素的危害，可以分为多种成分。

① 缓冲物质用以保持精液相对恒定的pH。常用作缓冲剂的物质有柠檬酸纳、酒

石酸钾钠、磷酸二氢钾和磷酸氢二钠等。近年来在各种家畜精液稀释液中常采用三羟基氨基甲烷（Tris），这是一种碱性缓冲剂，对精子代谢酸中毒和酶活动反应具有良好的缓冲作用。

② 非电解质和弱电解质具有降低精清中电解质浓度的作用。一般常用的非电解质为各种糖类，弱电解质如甘氨酸等。此外，因猪、马精液的副性腺分泌物多，山羊精液中则含有一种可引起精子凝结的酶，所以对于这几种家畜的精液，在稀释前可先经离心以除去精清，然后再代之以适当的稀释液，对保存和受胎都有良好效果。

③ 防冷刺激物质具有防止精子冷休克的作用。常用的精子防冷刺激物质是奶类和卵黄。

④ 抗冻物质具有抗冷冻危害的作用。一般常用的抗冻物质有甘油、二甲基亚砜（DMSO）、三羟基氨基甲烷（Tris）等。

⑤ 抗菌物质具有抗菌作用。常用的有青霉素、链霉素和氨苯磺胺等。青霉素和链霉素的混合使用具有广谱抑菌效果。氨苯磺胺不仅可以抑制微生物的繁殖，而且可以抑制精子的代谢机能，有利于延长体外精子的存活时间，然而它在冷冻过程中对精子反而有害，故只适用于液态精液的保存。此外近来国外又将数种新的广谱抗生素和磺胺类药物（如卡那霉素、林肯霉素、泰乐菌素、氯霉素、磺胺甲基嘧啶钠）试用于精液的稀释保存，取得较好的效果。

4. 其他添加剂

如酶类、激素类、维生素类和调节 pH 值的物质。主要是改善精子外在环境的理化特性，调节母畜生殖道的生理机能，提高受精机会。

（二）稀释液的种类及配制要求

1. 稀释液的种类

目前已有的精液稀释液种类很多，根据稀释液的性质和用途，可分为四类：

① 现用稀释液。适用于采精后立即人工授精，以单纯扩大精液容量、增加配种头数为目的，以简单的等渗糖类和奶类物质为主体。

② 常温保存稀释液。适应于精液在常温下短期保存用，以糖类和弱酸盐为主体，此类稀释液一般 pH 偏低。

③ 低温保存。稀释液适用于精液低温保存，具有含卵黄和奶类为主体的抗冷休克的特点。

④ 冷冻保存稀释液。适用于冷冻保存，含有甘油或二甲基亚砜等抗冻物质。

在生产中可根据家畜的种类、精液保存方法等实际情况来决定选用精液稀释液。

2. 稀释液的配制要求

① 配制稀释液所使用的用具、容器必须洗涤干净、消毒，使用前经稀释液冲洗。

② 稀释液必须保持新鲜。配制好的稀释液如不现用，应注意密封保鲜不受污染。卵黄、奶类、抗生素等必需成分应在临用时添加。

③ 所用的水必须清洁无毒性，蒸馏水或去离子水要求新鲜，使用沸水应在冷却后用滤纸过滤，经过试验对精子无不良影响才可使用。

④ 药品成分要纯净，称量须准确，充分溶解，经过滤后进行消毒。高温变性的药品不宜高温处理，应用细菌滤膜以防变性失效。

⑤ 使用的奶类应在水浴中灭菌（90～95℃）10min，除去奶皮，卵黄要取自新鲜鸡蛋，取前应对蛋壳消毒。

⑥ 抗生素、酶类、激素、维生素等添加剂必须在稀释液冷却至室温时,按用量准确加入。

⑦ 要认真检查已配制好的稀释液成品,经常进行精液的稀释、保存效果的测定,发现问题及时纠正。凡不符合配方要求,或者超过有效储存期的变质稀释液都应废弃。

(三) 精液稀释方法和稀释倍数

1. 稀释方法

① 稀释要在等温条件下进行,即以精液的温度来调节稀释液的温度。

② 稀释时,稀释液沿瓶壁缓缓倒入精液中,不要将精液倒入稀释液中。稀释后将精液容器轻轻转动,混合均匀,避免剧烈振荡。

③ 如果做高倍稀释,应分次进行,避免精子所处环境剧烈变化。

④ 稀释过程中要避免强烈光线照射和接触有毒的、有刺激气味的气体。

⑤ 精液稀释后要及时进行活率检查,以便及时了解稀释效果。如果稀释前后活力一样,即可进行分装与保存;如果活率下降,说明稀释液的配制或稀释操作有问题,不宜使用,并应查明原因。

2. 稀释倍数

适宜的稀释倍数可延长精子的存活时间,但稀释倍数超过一定的限度则会降低精子的活力,影响受精效果。稀释倍数取决于原精液的精子密度和活力、每次输精的精液量与所需精子数以及稀释液的种类见表。

各种公畜精液的稀释倍数和输精剂量

家畜种类	稀释比例	输精剂量/mL	有效精子数/亿
猪	1:(1~3)	30~50	10~20
牛	1:(10~40)	1~1.5	0.1~0.15
马	1:(1~3)	20~30	2.5~5
羊	1:(1~3)	1~2	0.2~0.5

现以公猪的精液稀释为例。

现采得一公猪的精液量为200mL,活率为0.8,密度为2亿/mL,要求制成每个输精剂量100mL含40亿/100mL的常温保存精液,请计算原精液中需加多少稀释液?

总精子数=200mL×2亿/mL=400亿

稀释份数=400亿×0.8/40亿=8份

需加稀释液=8×100mL-200mL=600mL

二、精液液态保存

精液液态的保存方法,按保存的温度可分为常温保存(15~25℃)和低温保存(0~5℃)两种。猪精液常温保存效果较好,所以生产中常采用常温保存。

常温保存是将精液保存在室温条件下,温度有变动,所以也称变温保存。常温保存精液设备简单,易于推广,但保存时间较短。

1. 原理

常温保存主要是利用稀释液的弱酸性环境抑制精子的活动,以减少能量消耗,使精子保持在可逆的静止状态而不丧失受精能力。一般采取在稀释液中充入二氧化碳(如伊里尼变温稀释液)或在稀释液中配有酸类物质和充以氮气(如乙酸稀释液及一些植物汁液),以延长精子存活时间。

2. 稀释液

稀释的猪精液常温保存效果较好。可按保存时间选择稀释液，1d 内输精的，可用一种成分稀释液；如果保存 1~2d 的，可用两种成分稀释液；如果保存时间在 3d 的，可用综合稀释液。

3. 操作方法

① 检查稀释后精液的活率：应不低于原精液的活率。

② 分装精液：瓶装、袋装和管装。分装时避免对精子的伤害，封口时尽量排出空气。

③ 标识：根据公猪耳号、品种和采精日期清晰地标记精液。

④ 将稀释后的精液置室温 21℃（2h），然后放入精液保存箱（16~18℃）。

4. 保存时注意事项

① 每 12h 将精液摇匀 1 次，要轻缓均匀；

② 注意冰箱内温度的变化，防止温度升高或降低；

③ 减少保存箱开关次数，以减少对精子的影响；

④ 使用前检查活率，活率<0.6 的精液应弃之；

⑤ 用稀释液保存的精液，应尽快用完。

技能训练

识别各种器械故障，并完成《实践技能训练手册》中技能训练单 32。

【思政小贴士】

中国老一辈畜牧专家——郑丕留

1911 年—2004 年，江苏省太仓人，畜牧学家。1945 年就读于美国威斯康星大学，获博士学位。1948 年回国，在南京中央畜牧实验所任家畜改良系主任，创建了我国第一个家畜人工授精实验室。是我国家畜人工授精技术的开拓者和传播者，在 20 世纪 60 年代为我国第一次冷冻精液技术学习班介绍了国外奶牛冻精的发展和应用情况。在农业部和有关技术人员的协作下，1966 年建立了我国第一个奶牛冻精种公牛站，从此我国的人工授精技术进入了用超低温保存精液的新时代。80 年代初，郑丕留主持"绵羊精液冷冻保存技术"，由中国农科院畜牧所组织新疆、青海、内蒙古等 5 个省、自治区进行了大规模的应用试验，从 7000 多头受配母羊中得到了较高的受胎效果，达到了国际先进水平，并获得农牧渔业部技术改进一等奖。郑丕留同志热爱祖国，热爱人民，热爱他所从事的畜牧科学技术研究工作。他始终遵循奉献于人民的准则，"知识源于人民，要还于人民、用于人民，要为农业生产的发展做出贡献"是郑丕留同志的信念。他为我国大规模推广家畜人工授精，改良畜种，做出了重要贡献。

练一练

（一）选择题

1. 精液稀释前，稀释液和精液应作（　　）℃左右同温处理。
   A. 20　　　B. 25　　　C. 30　　　D. 35

2. 输精器在临用前要用（　　）冲洗2~3次。
   A. 清水　　B. 蒸馏水　　C. 生理盐水　　D. 稀释液　　E. 酒精

3. 显微镜的使用步骤正确的是（　　）。
   A. 取镜、安放—对光—压片—观察
   B. 取镜、安放—压片—对光—观察
   C. 取镜、安放—观察—对光—压片
   D. 取镜、对光—安放—压片—观察

4. 用普通光学显微镜观察切片，当用低倍物镜看清楚后，转换成高倍物镜却看不到或看不清原来观察到的物体。可能的原因是（　　）。
   A. 物体不在视野中央　　　　　　　　B. 切片放反，盖玻片在下面
   C. 低倍物镜和高倍物镜的焦点不在同一平面　　D. 未换目镜

5. 学生用显微镜观察装片时，见视野中有甲、乙、丙异物，为判断异物的位置，他先转动目镜，见甲异物动，然后转换物镜，三异物仍存在。据此，三异物可能在（　　）上。
   A. 目镜　　B. 物镜　　C. 反光镜　　D. 装片

6. 遮光器上光圈的作用是（　　）。
   A. 调节焦距
   B. 调节光线角度
   C. 调节视野亮度
   D. 调节图像清晰度

（二）填空题

根据性质和用途，稀释液可分为（　　）、（　　）、（　　）、（　　）四类。

（三）判断题

1. 精液稀释时，应将精液慢慢倒入稀释液中。（　　）
2. 输精时精液温度应不低于28℃，也不能高于36℃。（　　）

（四）简答题

1. 简述显微镜保养注意事项和维护方法。
2. 简述显微镜日常使用注意事项。

练一练参考答案

参 考 文 献

[1] 黄涛. 畜牧机械［M］. 北京：中国农业出版社，2008.
[2] 宋连喜，田长永. 畜禽繁育［M］. 北京：化学工业出版社，2016.
[3] 吴正常，许超，王海飞，等. 一种猪育种用公猪人工采精架：CN214231630U［P］. 2021.
[4] 鄂禄祥，吕丹娜. 猪生产［M］. 2版. 北京：化学工业出版社，2023.
[5] 赵希彦，郑翠芝. 畜禽环境卫生［M］. 2版. 北京：化学工业出版社，2020.
[6] 农业部农业机械试验鉴定总站，农业部农机行业职业技能鉴定指导站. 设施养猪装备操作工（初级 中级 高级）［M］. 北京：中国农业科学技术出版社，2014.

猪场设备使用与维护

实践技能训练手册

技能操作单评价标准：
根据训练操作单的类型选择评价标准

1. 能够正确选择所需的材料。　　　　　　　　　　　　　　15分
2. 能够正确安装仪器设备。　　　　　　　　　　　　　　　15分
3. 能够正确合理地说出怎样使用设备。　　　　　　　　　　10分
4. 能够正确维修保养设备。　　　　　　　　　　　　　　　10分
5. 能够正确找出故障。　　　　　　　　　　　　　　　　　10分
6. 能够正确分析故障原因。　　　　　　　　　　　　　　　10分
7. 能够正确排除故障。　　　　　　　　　　　　　　　　　10分
8. 组内成员团结协作,工作有序,工作效率高,工作效果好。　10分
9. 任务完成后能够清理工作现场,保持良好卫生状态。　　　10分

技能训练单 1　常用标准件的识别

班级：	姓名：	学号：
指导教师：	组别：	组长：
工作地点：	小组成员：	

正确识别常用标准件		
标准件名称	特点	适用范围
球轴承		
滚子轴承		
橡胶油封		

续表

正确识别常用标准件		
标准件名称	特点	适用范围
平键		
楔键		
螺栓		
螺柱		
综合评价(___/___)	小组自评	小组互评	指导教师评价

技能训练单 2　设备的安全操作

班级：	姓名：	学号：
指导教师：	组别：	组长：
工作地点：	小组成员：	

请根据设备名称查询设备安全操作规程	
设备名称	安全操作规程
拖拉机	
饲料粉碎机	

3

续表

请根据设备名称查询设备安全操作规程	
设备名称	安全操作规程
柴油发电机	
消毒机	

综合评价(___/___)	小组自评	小组互评	指导教师评价

技能训练单3 猪舍主要类型特征

班级:	姓名:	学号:
指导教师:	组别:	组长:
工作地点:	小组成员:	

说明不同猪舍的优缺点		
猪舍种类	优点	缺点
开放式猪舍		
半开放式猪舍		

续表

说明不同猪舍的优缺点		
猪舍种类	优点	缺点
有窗密闭式猪舍		
无窗密闭式猪舍		

综合评价(___/___)	小组自评	小组互评	指导教师评价

技能训练单4 猪舍屋顶结构设计区分

班级：		姓名：		学号：	
指导教师：		组别：		组长：	
工作地点：		小组成员：			
说明不同猪舍屋顶结构特点					
屋顶类型	结构特点		优点	缺点	适用范围
单坡式屋顶					
双坡式屋顶					
联合式屋顶					

续表

		说明不同猪舍屋顶结构特点		
屋顶类型	结构特点	优点	缺点	适用范围
钟楼式和半钟楼式屋顶				
拱顶式屋顶				
平顶式屋顶				
楼房养猪				
综合评价(___/___)	小组自评		小组互评	指导教师评价

技能训练单 5 不同栏位技术要求

班级：		姓名：		学号：	
指导教师：		组别：		组长：	
工作地点：		小组成员：			
说明不同栏位的技术要求					
猪舍栏位	技术要求				
公猪栏					
分娩栏					
仔猪保育栏					

续表

说明不同栏位的技术要求	
猪舍栏位	技术要求
育肥舍大栏	
单体限位栏	
半限位栏	

综合评价(___/___)	小组自评	小组互评	指导教师评价

技能训练单6 栏位安装要点

班级：	姓名：	学号：
指导教师：	组别：	组长：
工作地点：	小组成员：	

说明不同栏位安装技术要点	
猪舍栏位	安装技术要点
公猪栏	
分娩栏	
仔猪保育栏	

11

续表

说明不同栏位安装技术要点	
猪舍栏位	安装技术要点
育肥舍大栏	
单体限位栏	
半限位栏	

综合评价(___/___)	小组自评	小组互评	指导教师评价

技能训练单 7 栏位使用与维护

班级:		姓名:		学号:	
指导教师:		组别:		组长:	
工作地点:		小组成员:			

记录不同栏位的使用与维护要点	
猪舍栏位	使用与维护要点
公猪栏	
分娩栏	
仔猪保育栏	

续表

记录不同栏位的使用与维护要点	
猪舍栏位	使用与维护要点
育肥舍大栏	
单体限位栏	
半限位栏	

综合评价(___/___)	小组自评	小组互评	指导教师评价

技能训练单 8 饲槽识别

班级：	姓名：	学号：
指导教师：	组别：	组长：
工作地点：	小组成员：	

说明不同饲槽特点及优缺点并能进行现场识别			
饲槽种类	典型特征	优点	缺点
单体饲槽			
仔猪用限量槽			
长方形自由采食槽			

续表

说明不同饲槽特点及优缺点并能进行现场识别			
饲槽种类	典型特征	优点	缺点
圆形自由采食槽			
通体料槽			
干湿料槽			
双面料槽			
综合评价(___/___)	小组自评	小组互评	指导教师评价

技能训练单 9　饲喂设备组装操作

班级：	姓名：	学号：
指导教师：	组别：	组长：
工作地点：	小组成员：	

进行简单饲喂设备的组装	
名称	简单安装要求和所需材料
饲槽	
定量器	

续表

进行简单饲喂设备的组装	
名称	简单安装要求和所需材料
料线	
料塔(模型)	

综合评价(＿＿/＿＿)	小组自评	小组互评	指导教师评价

技能训练单 10 饲喂设备常见故障诊断与排除

班级：		姓名：		学号：	
指导教师：		组别：		组长：	
工作地点：		小组成员：			
记录饲喂设备常见的故障以及如何解决					
故障现象		故障原因			排除方法
电机故障,停止工作时					
塞盘链条断裂,主机的回料增多					

19

续表

记录饲喂设备常见的故障以及如何解决		
故障现象	故障原因	排除方法
电机运转正常，绞龙转不动		
运输声音大，有嗡嗡声		
其他		

综合评价(___/___)	小组自评	小组互评	指导教师评价

技能训练单 11　不同饮水器适用范围及优缺点

班级：	姓名：	学号：
指导教师：	组别：	组长：
工作地点：	小组成员：	

记录不同饮水器适用范围及优缺点		
饮水设备种类	适用范围	优缺点
杯式饮水器		
鸭嘴式饮水器		

续表

记录不同饮水器适用范围及优缺点		
饮水设备种类	适用范围	优缺点
乳头式饮水器		
盘式饮水器		
水料一体式饮水槽		

综合评价(___/___)	小组自评	小组互评	指导教师评价

技能训练单 12　饮水器的组装操作

班级：	姓名：	学号：
指导教师：	组别：	组长：
工作地点：	小组成员：	

记录饮水器的组装过程	
饮水器类型	配件名称及组装要点
杯式饮水器	
鸭嘴式饮水器	

23

续表

记录饮水器的组装过程	
饮水器类型	配件名称及组装要点
乳头式饮水器	
盘式饮水器	
水料一体式饮水槽	

综合评价（___/___）	小组自评	小组互评	指导教师评价

技能训练单 13　猪场水线清洁与水线常见故障诊断与排除

班级：		姓名：		学号：	
指导教师：		组别：		组长：	
工作地点：		小组成员：			
猪场水线清洁					
水线部件	清洁所需药品及方法				
水管					
饮水器					

续表

猪场水线故障排除		
故障现象	故障原因	排除方法
无水		
管路漏水		
其他现象		

综合评价(___/___)	小组自评	小组互评	指导教师评价

技能训练单 14 自然通风与机械通风设备识别

班级：		姓名：		学号：	
指导教师：		组别：		组长：	
工作地点：		小组成员：			
自然通风与机械通风设备的特点					
通风方式		优点			缺点
自然通风设备	天棚无助力通风口				
	窗户				
	门				
	侧墙通风口				

续表

自然通风与机械通风设备的特点		
通风方式		优点	缺点
机械通风设备	电风扇		
	轴流式风机		
	离心式风机		
	湿帘冷风机		
综合评价(___/___)	小组自评	小组互评	指导教师评价

技能训练单 15　不同类型加热设备识别

班级：	姓名：	学号：
指导教师：	组别：	组长：
工作地点：	小组成员：	

说明以下加热设备的特点		
设备名称	优点	缺点
燃油式		
燃气式		

续表

\multicolumn{3}{c}{说明以下加热设备的特点}		
设备名称	优点	缺点
燃煤式		
用电式		
热风炉式		

综合评价(___/___)	小组自评	小组互评	指导教师评价

技能训练单 16 猪舍通风设定

班级：	姓名：	学号：
指导教师：	组别：	组长：
工作地点：	小组成员：	

记录通风设定计算过程		
设定名称	最大量	最小量
换气量计算		
通风量设定		

31

续表

记录通风设定计算过程		
设定名称	最大量	最小量
风机大小选择与确定		
湿帘面积确定		
湿帘类型选择		

综合评价(___/___)	小组自评	小组互评	指导教师评价

技能训练单 17 湿帘常见故障诊断与排除

班级：	姓名：	学号：
指导教师：	组别：	组长：
工作地点：	小组成员：	

记录湿帘常见故障与排除方法		
故障名称	故障原因	排除方法
湿帘纸垫干湿不均		
湿帘纸垫水滴飞溅		

续表

记录湿帘常见故障与排除方法		
故障名称	故障原因	排除方法
水帘溢水和漏水		
降温效果差		

综合评价(___/___)	小组自评	小组互评	指导教师评价

技能训练单 18　锅炉常见故障诊断与排除

班级：	姓名：	学号：
指导教师：	组别：	组长：
工作地点：	小组成员：	

记录锅炉常见故障与排除方法		
故障名称	故障原因	排除方法
锅炉无法启动或无火现象		
锅炉运行时温度过高		

35

续表

记录锅炉常见故障与排除方法		
故障名称	故障原因	排除方法
锅炉水位异常		
锅炉漏水		
锅炉排烟异常		

综合评价(___/___)	小组自评	小组互评	指导教师评价

技能训练单 19　不同清粪方式

班级：	姓名：	学号：
指导教师：	组别：	组长：
工作地点：	小组成员：	

不同清粪方式		
清粪方式	优点	缺点
人工清粪		
机械清粪		
水冲清粪		

续表

不同清粪方式		
清粪方式	优点	缺点
水泡清粪		
生态发酵床		
周边猪场的清粪方式调查结果		

综合评价(___/___)	小组自评	小组互评	指导教师评价

技能训练单 20 猪舍清粪设备选择

班级：	姓名：	学号：
指导教师：	组别：	组长：
工作地点：	小组成员：	

清粪设备的选择（根据具体猪场给出选择理由）	
清粪设备类型	选择不同清粪设备的原因
铲式清粪机	
往复式刮板清粪机	

39

续表

清粪设备的选择（根据具体猪场给出选择理由）	
清粪设备类型	选择不同清粪设备的原因
螺旋绞龙清粪机	
高压清洗机	

综合评价（___/___）	小组自评	小组互评	指导教师评价

技能训练单 21 清粪设备常见故障诊断与排除

班级：		姓名：		学号：	
指导教师：		组别：		组长：	
工作地点：		小组成员：			

记录清粪设备常见故障与排除方法			
名称	故障现象	故障原因	排除方法
离合器	接合时打滑		
	接合时发抖		
	离合器不易分离		
变速箱	异响声		
	时常跳挡		
	换挡不灵活		
驱动桥	行驶时有响声		
	制动时发响		
	制动时车子跑偏		
	制动不灵		

41

续表

名称	故障现象	故障原因	排除方法
转向系统	方向盘慢转轻、快转沉		
	转身无力		
	转动方向盘油缸不动		
液压系统、制动系统	动臂提升力不足或转斗力不足		
	系统工作性能降低或不稳		
	动臂举升后自行下沉		
	油温过高		
	方向盘回位后继续转向		
	脚制动力不足		
电气系统	发动机正常而蓄电池不充电或充电率低		
	蓄电池容量不足		
	发电机不发电		
综合评价(___/___)		小组自评	小组互评	指导教师评价

技能训练单 22 粪污及尸体处理

班级:	姓名:	学号:
指导教师:	组别:	组长:
工作地点:	小组成员:	

说明不同的粪便、污水及尸体处理方法的特点并说明你欲选择的粪便处理方法

处理方法	特点
塔式发酵	
发酵槽发酵	
固液分离	
生物处理塘	

43

续表

说明不同的粪便、污水及尸体处理方法的特点并说明你欲选择的粪便处理方法	
处理方法	特点
氧化沟	
尸体深埋处理	
腐尸坑	
高温处理	
焚化处理	

综合评价(___/___)	小组自评	小组互评	指导教师评价

技能训练单 23 螺旋式深槽发酵干燥设备故障诊断与排除

班级：	姓名：	学号：
指导教师：	组别：	组长：
工作地点：	小组成员：	

记录螺旋式深槽发酵干燥设备常见故障与排除方法		
故障名称	故障原因	排除方法
大车运行啃轨		

续表

记录螺旋式深槽发酵干燥设备常见故障与排除方法		
故障名称	故障原因	排除方法
螺栓叶片变形		
设备处于非手动时不能启动		
综合评价(____/____)	小组自评	小组互评	指导教师评价

技能训练单 24 螺旋挤压式固液分离设备常见故障诊断及排除

班级：	姓名：	学号：
指导教师：	组别：	组长：
工作地点：	小组成员：	

记录螺旋挤压式固液分离设备常见故障与排除方法		
故障名称	故障原因	排除方法
通电后,电机不运转		
出料太湿		

47

续表

记录螺旋挤压式固液分离设备常见故障与排除方法		
故障名称	故障原因	排除方法
粪污溢出平衡槽		
管道或接头漏水		

综合评价(___/___)	小组自评	小组互评	指导教师评价

技能训练单 25　无害化处理设备维修与养护

班级：	姓名：	学号：
指导教师：	组别：	组长：
工作地点：	小组成员：	

设备维修与养护操作记录		
维修项目	故障记录	维修情况（结果）

49

续表

设备维修与养护操作记录		
维修项目	故障记录	维修情况(结果)
维修记录		
综合评价(___/___)	小组自评	小组互评	指导教师评价

技能训练单 26 消毒设备特点与适用场景

班级:		姓名:		学号:	
指导教师:		组别:		组长:	
工作地点:		小组成员:			
记录消毒设备特点与适用场景					
消毒设备种类		特点		适用场景	
紫外线消毒灯					
火焰消毒器					
背负式手动喷雾机					
背负式机动喷粉机					

51

续表

记录消毒设备特点与适用场景		
消毒设备种类	特点	适用场景
机动超低量喷雾机		
电动喷雾机		
常温烟雾机		
高压清洗机		
自动喷雾装置		
综合评价(___/___)	小组自评	小组互评	指导教师评价

技能训练单 27 消毒设备维修与养护

班级：	姓名：	学号：
指导教师：	组别：	组长：
工作地点：	小组成员：	

设备维修、养护操作记录		
维修项目	故障记录	维修情况（结果）

53

续表

设备维修、养护操作记录		
维修项目	故障记录	维修情况(结果)
维修记录		
综合评价(___/___)	小组自评	小组互评	指导教师评价

54

技能训练单 28 高压清洗机常见故障诊断与排除

班级：	姓名：	学号：
指导教师：	组别：	组长：
工作地点：	小组成员：	

记录高压清洗机常见故障与排除方法		
故障名称	故障原因	排除方法
指示灯持续显示红色		
水枪压力低或没有压力		
机器正常运转时，水枪不出水或者水射流不规则、分散		
压力表在最大和最小之间抖动，压力不稳定		

续表

记录高压清洗机常见故障与排除方法		
故障名称	故障原因	排除方法
运行中出现尖利噪声		
高压水泵底部滴油		
曲轴箱润滑油变浑浊或乳白色		
高压管出现剧烈振动		

综合评价(___/___)	小组自评	小组互评	指导教师评价

技能训练单 29 背负式手动喷雾机常见故障诊断与排除

班级：	姓名：	学号：
指导教师：	组别：	组长：
工作地点：	小组成员：	

记录背负式手动喷雾机常见故障与排除方法

故障名称	故障原因	排除方法
塞杆下压费力,压盖顶冒水,松手后,杆自动上升		
塞杆下压轻松,松手自动下降,压力不足,雾化不良		
气筒压盖和加水压盖漏气		
喷头雾化不良或不出液		
连接部位漏水		
喷雾量减少或不喷雾		
药液进入风机		
药粉进入风机		
喷粉量少		
运转时,风机有摩擦声和异响		

续表

记录背负式手动喷雾机常见故障与排除方法			
故障名称	故障原因		排除方法
油路不畅或不供油导致启动困难			
混合气过浓导致启动困难			
混合气过稀导致启动困难、功率不足,化油器回火			
急速不良,转速过高或不稳			
加速不良,化油器回火,转速不易提高			
火花塞火花弱启动困难			
急速正常高速断火			
加大负荷即断火			
磁电机火花微弱			
点火过早或过迟			
爆燃有敲击声和发动机断火			
综合评价(___/___)	小组自评	小组互评	指导教师评价

技能训练单 30 真、假台畜和不同输精设备比较

班级：	姓名：	学号：
指导教师：	组别：	组长：
工作地点：	小组成员：	

说明真、假台畜及不同输精设备优缺点和适用场景

设备名称	优缺点	适用场景
真台畜		
假台畜		
一次性输精管		

59

续表

说明真、假台畜及不同输精设备优缺点和适用场景		
设备名称	优缺点	适用场景
多次性输精管		
可视输精枪		
深部输精管		

综合评价(___/___)	小组自评	小组互评	指导教师评价

技能训练单 31 采精、输精设备安装

班级：	姓名：	学号：
指导教师：	组别：	组长：
工作地点：	小组成员：	

安装假台畜	
设备名称	安装步骤
假台畜	

续表

安装显微镜	
设备名称	安装步骤
显微镜	

综合评价(___/___)	小组自评	小组互评	指导教师评价

技能训练单 32 显微镜故障排除

班级：		姓名：		学号：	
指导教师：		组别：		组长：	
工作地点：		小组成员：			

显微镜故障排除		
故障	可能原因	解决方法
粗调失灵		
镜筒自行下滑		

续表

显微镜故障排除			
故障		可能原因	解决方法
集光器不能定位或卡死				
倾斜关节过松				
反光镜的插脚在插座内过松或过紧				
综合评价（___/___）		小组自评	小组互评	指导教师评价

销售分类建议：畜牧兽医

定价：48.00元
(附工作手册)